# 家常菜教科书

美食教科书团队◎主编

吉林科学技术出版社

图书在版编目(CIP)数据

家常菜教科书 / 美食教科书团队主编 . -- 长春 ：
吉林科学技术出版社，2021.3
ISBN 978-7-5578-7769-9

Ⅰ．①家… Ⅱ．①美… Ⅲ．①家常菜肴 - 菜谱 Ⅳ.
① TS972.127

中国版本图书馆 CIP 数据核字 (2020) 第 198627 号

# 家常菜教科书
JIACHANGCAI JIAOKESHU

主　　编　美食教科书团队
出 版 人　宛　霞
责任编辑　朱　萌　丁　硕
封面设计　吉广控股有限公司
制　　版　长春美印图文设计有限公司
幅面尺寸　167 mm × 235 mm
开　　本　16
印　　张　15
字　　数　200 千字
印　　数　1-5 000 册
版　　次　2021 年 3 月第 1 版
印　　次　2021 年 3 月第 1 次印刷

出　　版　吉林科学技术出版社
发　　行　吉林科学技术出版社
地　　址　长春市福祉大路 5788 号
邮　　编　130118
发行部电话 / 传真　0431-81629529　81629530　81629531
　　　　　　　　　　81629532　81629533　81629534
储运部电话　0431-86059116
编辑部电话　0431-81629518
印　　刷　吉广控股有限公司

书　　号　ISBN 978-7-5578-7769-9
定　　价　39.90 元

俗话说"珍馐美味，不如家常便饭"，中国人将在家吃饭看得尤为重要。不管是忙碌的上班族，还是自由职业者，一周总会抽出至少一天的时间亲自下厨，做一桌丰盛的家常菜陪陪家人，或做一顿简易便餐，慰藉自己吃了一周外卖的肚子。呼朋唤友也好，亲人小聚也罢，抑或是一个人的晚餐，吃的就是家常菜的温馨与自在。

但是不常下厨的你是否为今天吃什么、怎么做而困扰呢？那么你可以翻翻本书，书中包含了美味煎炒烹炸、滋补焖炖菜、爽口凉菜、花样主食共四部分，冷菜、正餐、主食，应有尽有。本书不仅菜品繁多，烹饪的耗时长短也不相同。有两三分钟就能搞定的简易菜，也有时间和美味成正比的超级宴客菜，让你在不同的场合和时间段有更多的选择。

总之不管你和家人的口味是否一致，在《家常菜教科书》中都能找到属于你的惊喜。

# 目 录

## 美味煎炒烹炸

## 滋补焖炖菜

# 爽口凉菜

# 花样主食

# 美味煎炒烹炸

酱茄子

## 食材

| | |
|---|---|
| 茄子 | 400 克 |
| 黄酱 | 适量 |
| 甜面酱 | 适量 |
| 大蒜 | 5 瓣 |
| 青椒 | 10 克 |
| 红椒 | 10 克 |
| 淀粉 | 适量 |
| 葱花 | 适量 |
| 白糖 | 适量 |
| 植物油 | 适量 |

## 制作过程

❶

大蒜剁成末备用。

❷

茄子去皮，切成条备用。

❸

青椒去根，切成条。

❹

红椒去根，切成条。

❺

将切好的茄子条放入容器内，将淀粉均匀撒在表面。

❻

炒锅置于火上，倒入植物油，加入茄子条炸至呈金黄色，即可捞出沥油。

❼

另起锅，加入葱花、蒜末煸香，加入黄酱、甜面酱、清水、白糖。

❽

下入茄子条翻炒均匀，加入青椒条、红椒条翻炒，即可出锅。

地三鲜

## 食材

| | |
|---|---|
| 茄子 | 250 克 |
| 土豆 | 2 个 |
| 青彩椒 | 1 个 |
| 蒜片 | 适量 |
| 葱花 | 25 克 |
| 姜片 | 适量 |
| 淀粉 | 2 汤勺 |
| 老抽 | 1 汤勺 |
| 白糖 | 1 汤勺 |
| 盐 | 适量 |
| 醋 | 1 汤勺 |
| 蚝油 | 2 汤勺 |
| 植物油 | 适量 |

## 制作过程

**1**

土豆去皮，切成块；青彩椒洗净，切成块。

**2**

茄子洗净，去蒂，切成块；将茄块放入大碗中，撒入淀粉，拌匀。

**3**

炒锅倒入足够的植物油，待油温升至五成热时，放入土豆块炸至呈金黄色。

**4**

将土豆块捞出备用，把茄子块倒入锅中炸至呈金黄色。

**5**

将茄子捞出备用；另起锅，放入植物油，放入葱花、蒜片、姜片煸出香味。

**6**
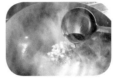

放入老抽，加入清水；放入蚝油。

**7**

放入白糖、醋、盐、青彩椒块。

**8**

放入土豆块、茄子块；放入加水调匀的淀粉，大火迅速翻炒即可。

翡翠木耳

## 食材

| | |
|---|---|
| 木耳 | 15 克 |
| 菜心 | 100 克 |
| 红彩椒条 | 50 克 |
| 蒜片 | 5 克 |
| 盐 | 适量 |
| 生抽 | 2 汤勺 |
| 植物油 | 适量 |

## 制作过程

**1** 木耳放到大碗中，倒入清水泡发。

**2** 菜心洗净，切成段。

**3** 将泡发好的木耳放到沸水锅中焯烫 5 分钟。

**4** 将木耳捞出备用。

**5** 炒锅内放入植物油，放入蒜片煸香。

**6** 放入菜心段、木耳翻炒均匀。

**7** 放入生抽、盐调味。

**8** 临出锅放入红彩椒条，翻炒均匀即可。

# 椒盐藕片

## 食材

| | |
|---|---|
| 肉馅 | 200 克 |
| 莲藕 | 300 克 |
| 红椒丁 | 10 克 |
| 青椒丁 | 10 克 |
| 淀粉 | 适量 |
| 鸡蛋 | 1 个 |
| 盐 | 适量 |
| 姜末 | 适量 |
| 葱花 | 适量 |
| 香油 | 适量 |
| 植物油 | 适量 |

## 制作过程

**1**

莲藕削皮，切成片（不切到底，形成一个夹子）。

**2**

肉馅放入容器内，加入姜末、葱花、盐、鸡蛋清、香油搅拌均匀。

**3**

在莲藕夹中加入肉馅，不要太满。

**4**

将鸡蛋黄加入淀粉，搅拌均匀成糊，放入莲藕夹。

**5**

炒锅置于火上，倒入植物油烧至五成热，将莲藕夹下锅炸制。

**6**

待色泽呈金黄色，即可捞出沥油。

**7**

另起锅，放入植物油，倒入红椒丁、青椒丁煸炒，加入莲藕夹、盐翻炒均匀即可出锅。

钵子
四季豆

## 食材

| | |
|---|---|
| 四季豆 | 500 克 |
| 猪肉 | 250 克 |
| 豆豉 | 25 克 |
| 红椒 | 50 克 |
| 大蒜 | 1 头 |
| 香葱段 | 适量 |
| 蚝油 | 2 汤勺 |
| 生抽 | 2 汤勺 |
| 盐 | 适量 |
| 植物油 | 适量 |

## 制作过程

**1**

将猪肉洗净，去皮，切成细丝。

**2**

将四季豆去掉两头，切成条。

**3**

红椒洗净，去蒂，切成细丝；大蒜用刀压扁，去掉蒜皮。

**4**

将四季豆放入煮沸的水中焯烫，变色即可捞出备用。

**5**

炒锅倒入植物油，待油温升至五成热时，将猪肉丝放入锅中迅速煸炒至变色；将蒜瓣放入锅中。

**6**

将豆豉放入锅中；将红椒丝放入锅中，煸出香味。

**7**

四季豆放入锅中，大火将其翻炒均匀；倒入蚝油。

**8**

加入生抽、盐翻炒入味；撒上香葱段即可出锅了。

荷塘小炒

## 食 材

| | |
|---|---|
| 荷兰豆 | 150 克 |
| 莲藕 | 200 克 |
| 胡萝卜 | 80 克 |
| 木耳 | 100 克 |
| 蒜片 | 适量 |
| 水淀粉 | 2 汤勺 |
| 盐 | 适量 |
| 植物油 | 适量 |

## 制 作 过 程

将胡萝卜片、荷兰豆也放入锅中焯烫；将锅中的蔬菜捞出过凉水，沥干水分。

**1**

胡萝卜去皮，切成片；莲藕去皮，切成片。

**5**

炒锅倒入植物油，放入蒜片煸出香味。

**2**

荷兰豆去筋，洗净。

**6**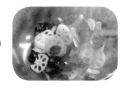

将准备好的蔬菜放入锅中翻炒。

**3**

将泡发好的木耳和藕片放入沸水中焯烫。

**7**

放入盐调味。

**8**

临出锅时放入水淀粉勾芡，翻炒均匀即可出锅。

# 秋葵
## 炒虾仁

食 材

| | |
|---|---|
| 虾仁 | 200 克 |
| 秋葵 | 200 克 |
| 红彩椒 | 1 个 |
| 姜片 | 4 片 |
| 盐 | 适量 |
| 植物油 | 适量 |

制 作 过 程

**1** 将秋葵洗净，去蒂，斜刀切块备用。

**2** 炒锅置于火上，倒入清水烧沸，倒入虾仁焯烫至七成熟，捞出沥水备用。

**3** 另起锅，倒入清水，下秋葵块焯烫。

**4** 坐锅上火，倒入少量植物油，加入姜片煸香，加入秋葵块、虾仁翻炒。

**5** 加入盐和切成块的红彩椒，翻炒均匀即可出锅。

# 山药
# 炒桃仁

##  食 材

| | |
|---|---|
| 山药 | 300 克 |
| 黄瓜 | 30 克 |
| 核桃仁 | 适量 |
| 红彩椒丁 | 适量 |
| 黄彩椒丁 | 适量 |
| 葱花 | 适量 |
| 姜末 | 适量 |
| 盐 | 适量 |
| 水淀粉 | 适量 |
| 木耳 | 适量 |
| 植物油 | 适量 |

## 制 作 过 程

❶

将山药洗净，去皮；将黄瓜洗净，去皮。

❷

将黄瓜切成片；将山药切成片。

❸

将切好的山药片和黄瓜片放入沸水中焯烫，捞出备用。

❹

炒锅置于火上，倒入植物油，加热后放入葱花、姜末煸出香味。

❺

放入山药片、黄瓜片翻炒均匀，加入少量的水。

❻

加入适量的盐调味，放入水淀粉、木耳大火翻炒收汁，加入核桃仁、红彩椒丁、黄彩椒丁炒匀即可。

蒜蓉
荷兰豆

## 食材

| | |
|---|---|
| 荷兰豆 | 500 克 |
| 大蒜 | 6 瓣 |
| 盐 | 适量 |
| 胡萝卜 | 适量 |
| 植物油 | 适量 |

## 制作过程

**1**

大蒜碾压，剁成末备用。

**2**

胡萝卜去皮，切成小花片。

**3**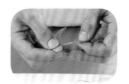

荷兰豆洗净，撕去筋。

**4**

炒锅置于火上，倒入清水，待水烧开，加入荷兰豆焯烫。

**5**

另起锅，倒入植物油，加入蒜末煸香，加入荷兰豆快速翻炒，加入盐、胡萝卜花片翻炒均匀，出锅即可。

西蓝花
杏鲍菇

## 食材

| | |
|---|---|
| 西蓝花 | 300 克 |
| 杏鲍菇 | 300 克 |
| 小米椒段 | 适量 |
| 盐 | 适量 |
| 水淀粉 | 适量 |
| 橙汁 | 适量 |
| 植物油 | 适量 |

## 制作过程

**1**

西蓝花洗净，从每一朵花根处切断。

**2**

杏鲍菇洗净，从中间切开，顶刀切成片。

**3**

炒锅置于火上，加入清水，加入西蓝花焯烫，七成熟后捞出备用。

**4**

炒锅置于火上，倒入清水，加入杏鲍菇片焯烫，待七成熟后捞出沥水备用。

**5**

另起锅，倒入植物油，加入西蓝花翻炒，加入盐翻炒均匀，加入水淀粉勾芡，倒出装盘。

**6**

另起锅，倒入植物油，加入杏鲍菇片、盐、橙汁，用水淀粉勾芡，出锅装在西蓝花盘中，撒小米椒段即可。

白果虾仁
炒青笋

## 食材

| | |
|---|---|
| 白果 | 15 克 |
| 虾仁 | 250 克 |
| 青笋 | 1 根 |
| 红彩椒 | 1 个 |
| 姜片 | 适量 |
| 盐 | 适量 |
| 白糖 | 1 汤勺 |
| 水淀粉 | 1 汤勺 |
| 植物油 | 15 克 |

## 制作过程

❶

将青笋的外皮去掉，切成滚刀块。

❷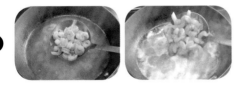

将虾仁放入煮沸的水里焯烫 1~2 分钟。

❸

将白果、青笋块和切成块的红彩椒一起倒入沸水中焯烫 1~2 分钟。

❹

将白果、青笋块、红彩椒块捞出备用。

❺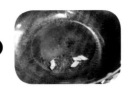

炒锅置于火上，倒入植物油，放入姜片煸香。

❻

将白果、青笋块、红彩椒块、虾仁依次放入锅中快速翻炒均匀。

❼

加少量水翻炒片刻，加入盐和白糖翻炒。

❽

加入水淀粉，翻炒均匀即可出锅。

宫保虾仁

## 食材

| | |
|---|---|
| 虾仁 | 500 克 |
| 葱 | 1 根 |
| 姜片 | 3 片 |
| 蒜片 | 20 克 |
| 花生 | 100 克 |
| 干辣椒 | 10 克 |
| 花椒 | 40 粒 |
| 淀粉 | 1 汤勺 |
| 水淀粉 | 2 汤勺 |
| 豆瓣酱 | 2 汤勺 |
| 生抽 | 2 汤勺 |
| 醋 | 1 汤勺 |
| 白糖 | 2 汤勺 |
| 盐 | 适量 |
| 植物油 | 适量 |

## 制作过程

**1**

将葱切成段。

**2**

炒锅倒入植物油烧至三成热，将花生放入油锅中炸，待花生炸至颜色变深捞出沥油。

**3**
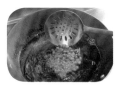
虾仁放入沸水中焯水，捞出放入大碗中，撒上淀粉。

**4**

将裹上淀粉的虾仁放入沸油中炸。

**5**

将葱段过油，然后将虾仁和葱段同时捞出沥油；另起锅，倒入植物油，放入姜片、蒜片、花椒、干辣椒炒出香味。

**6**

放入生抽、醋、白糖、盐、豆瓣酱、清水炒匀。

**7**

放入水淀粉收汁。

**8**

放入虾仁、葱段、花生翻炒均匀即可食用。

青豆肉末
烧豆腐

食材

| 五花肉 | 100 克 |
|--------|--------|
| 豆腐 | 500 克 |
| 青豆 | 30 克 |
| 胡萝卜丁 | 20 克 |
| 盐 | 适量 |
| 葱花 | 5 克 |
| 姜末 | 5 克 |
| 植物油 | 适量 |

制作过程

❶

豆腐中间切开，切成片备用。

❷

五花肉洗净，切成丁备用。

❸

炒锅置于火上，倒入植物油，加入肉丁煸香，加入姜末、葱花煸炒。

❹

加入青豆、胡萝卜丁炒制，加入清水、豆腐片、盐烧制 5 分钟。

❺

待汤汁变稠即可出锅。

# 虾仁豆腐

食 材

| 虾仁 | 200 克 |
| 豆腐 | 300 克 |
| 香葱末 | 适量 |
| 盐 | 适量 |
| 水淀粉 | 适量 |
| 姜片 | 5 片 |
| 植物油 | 适量 |

制 作 过 程

**1** 豆腐切成方块。

**2** 炒锅置于火上，倒入清水，待水烧开，加入虾仁焯烫，捞出沥水备用。

**3** 另起锅，倒入植物油，加入豆腐块，煎制豆腐四面呈金黄色，倒出备用。

**4** 坐锅点火，倒入植物油，加入姜片煸香，加入豆腐块、虾仁、清水、盐，翻炒均匀。

**5** 临出锅时加入水淀粉勾芡，撒香葱末即可。

虾仁
豆腐丝

食 材

| 虾仁 | 200 克 |
| 韭菜 | 150 克 |
| 干豆腐 | 200 克 |
| 红彩椒丁 | 5 克 |
| 黄彩椒丁 | 5 克 |
| 盐 | 适量 |
| 植物油 | 适量 |

制 作 过 程

**1**

韭菜洗净，切成段备用。

**2**

干豆腐切成丝备用。

**3**

炒锅置于火上，倒入清水，下入虾仁焯烫一下，捞出沥水。

**4**

另起锅，倒入植物油，加入干豆腐丝翻炒，加入清水、盐、虾仁，翻炒均匀。

**5**

加入韭菜段翻炒成熟，撒红彩椒丁、黄彩椒丁即可出锅。

蚝油大虾

食 材

| | |
|---|---|
| 大虾 | 500 克 |
| 姜片 | 适量 |
| 番茄酱 | 2 汤勺 |
| 蚝油 | 2 汤勺 |
| 生抽 | 2 汤勺 |
| 白糖 | 2 汤勺 |
| 盐 | 适量 |
| 植物油 | 适量 |

 制 作 过 程

❶

将洗净的大虾取出虾线。

❷

把大虾放入沸水中焯烫，煮至变色，捞出沥干水分。

❸

炒锅置于火上，放入植物油，放入姜片炝锅。

❹

放入番茄酱。

❺

放入生抽、蚝油。

❻

放入大虾，翻炒均匀。

❼

加入白糖、盐。

❽

将大虾翻炒均匀即可。

咖喱虾

## 食材

| 大虾 | 400 克 |
| 咖喱酱 | 2 汤勺 |
| 盐 | 适量 |
| 植物油 | 适量 |

## 制作过程

**1** 大虾洗净，取出虾线。

**2** 将大虾放入沸水中，煮熟，捞出沥水备用。

**3** 炒锅内放入植物油，放入大虾炸一下。

**4** 另起锅，放入植物油，加入咖喱酱。

**5** 将咖喱酱炒匀。

**6** 放入大虾、盐，翻炒均匀即可出锅了。

辣炒田螺

## 食材

| | |
|---|---|
| 田螺 | 适量 |
| 香葱末 | 5 克 |
| 姜 | 适量 |
| 大蒜 | 适量 |
| 大料 | 3~5 瓣 |
| 花椒 | 适量 |
| 干辣椒 | 15 克 |
| 料酒 | 2 汤勺 |
| 白糖 | 2 汤勺 |
| 豆瓣酱 | 2 汤勺 |
| 盐 | 适量 |
| 植物油 | 适量 |

## 制作过程

**1**

大蒜切成片；姜切成片。

**2**

田螺洗净，放入沸水中焯烫，再将田螺捞出沥水备用。

**3**

炒锅置于火上，加入植物油，将香葱末、姜片、蒜片放入炒锅中煸香。

**4**

放入干辣椒、花椒、大料煸炒，放入豆瓣酱炒香。

**5**

放入田螺迅速翻炒。

**6**

加入适量的清水。

**7**

加入盐。

**8**

加入料酒、白糖翻炒至汤汁变少，即可出锅食用了。

脆炒花蛤

## 食材

| | |
|---|---|
| 花蛤 | 1000 克 |
| 葱花 | 适量 |
| 姜片 | 4 片 |
| 大蒜 | 1 头 |
| 红椒 | 25 克 |
| 青椒 | 1 个 |
| 豆瓣酱 | 2 汤勺 |
| 植物油 | 适量 |
| 水淀粉 | 适量 |

## 制作过程

**1**

将红椒切成片；青椒切成片。

**2**

将大蒜切成蒜片。

**3**

把花蛤放入沸水中焯烫，待花蛤的外壳张开，即可捞出沥干水分备用。

**4**

炒锅置于火上，倒入植物油，放入葱花、蒜片、姜片煸出香味，放入豆瓣酱炒香。

**5**

放入花蛤翻炒。

**6**

加入适量的清水。

**7**

加入青椒片、红椒片。

**8**

放入水淀粉勾芡，迅速翻炒均匀即可。

炒蛏子

食 材

| 蛏子 | 500 克 |
| 葱段 | 适量 |
| 姜片 | 适量 |
| 大蒜 | 5 瓣 |
| 红椒 | 25 克 |
| 豆瓣酱 | 2 汤勺 |
| 水淀粉 | 适量 |
| 植物油 | 适量 |

制 作 过 程

**1**

将红椒洗净，去蒂，切成条。

**2**

大蒜切成片。

**3**

将吐净沙子的蛏子放入沸水中焯烫。

**4**

将蛏子捞出，沥干水分备用。

**5**

炒锅置于火上，倒入植物油，放入蒜片、豆瓣酱煸出香味。

**6**

放入蛏子、葱段、姜片。

**7**

放入红椒条，加入水淀粉翻炒均匀即可。

炒蚬子

## 食材

| | |
|---|---|
| 蚬子 | 1000 克 |
| 葱花 | 适量 |
| 姜片 | 适量 |
| 大蒜 | 5 瓣 |
| 豆瓣酱 | 2 汤勺 |
| 青椒 | 1 个 |
| 料酒 | 适量 |
| 水淀粉 | 适量 |
| 植物油 | 适量 |

## 制作过程

**1**

大蒜切成片；青椒去筋，切成片。

**2**

将吐净泥沙的蚬子放入沸水中焯烫，蚬子煮熟后捞出备用。

**3**

炒锅置于火上，加入植物油，放入葱花、姜片、蒜片煸出香味。

**4**
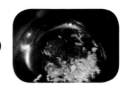

放入豆瓣酱。

**5**

放入蚬子。

**6**

放入少量清水。

**7**

淋入料酒。

**8**

出锅前用水淀粉勾芡，放入青椒片即可。

豆豉
烧带鱼

## 食材

| | |
|---|---|
| 带鱼 | 500 克 |
| 大蒜 | 5 瓣 |
| 姜片 | 5 片 |
| 葱段 | 2 段 |
| 豆豉 | 适量 |
| 红椒丁 | 适量 |
| 料酒 | 适量 |
| 白糖 | 适量 |
| 盐 | 适量 |
| 香葱末 | 适量 |
| 植物油 | 适量 |

## 制作过程

**1**

葱段洗净，斜刀切成片备用。

**2**

大蒜切成片备用。

**3**

带鱼用钢丝球刷净，去头，用剪子剪掉背鳍，再切成段，放入容器内，加入葱片、姜片、盐、料酒腌制 20 分钟。

**4**

炒锅置于火上，倒入植物油烧至六成热，下入带鱼炸至呈金黄色，即可捞出沥油。

**5**

锅内留有植物油，加入红椒丁、姜片、蒜片、香葱末、豆豉、料酒、清水、白糖、带鱼，烧至汤汁收进带鱼肉内即可。

熘肝尖

食 材

| | |
|---|---|
| 猪肝 | 280 克 |
| 香葱 | 30 克 |
| 蒜片 | 10 克 |
| 料酒 | 适量 |
| 生抽 | 适量 |
| 盐 | 适量 |
| 白糖 | 适量 |
| 水淀粉 | 适量 |
| 淀粉 | 适量 |
| 植物油 | 适量 |

 制 作 过 程

**1** 香葱洗净，切成段。

**2** 猪肝斜刀切开，顶刀切成片。

**3** 将切好的猪肝片放入容器内，加入淀粉轻轻搅拌均匀。

**4** 炒锅置于火上，倒入植物油烧至六成热，倒入猪肝片，快速拨散，断生后捞出沥油。

**5** 锅内加入植物油，加入蒜片煸香，加入猪肝片、料酒、生抽、清水、盐、白糖翻炒均匀。

**6** 临出锅时加入水淀粉勾芡，加入香葱段翻炒几下即可出锅。

53

北方
鱼香肉丝

## 食材

| | |
|---|---|
| 猪后丘肉 | 300 克 |
| 蒜片 | 10 克 |
| 木耳 | 5 克 |
| 蒜薹 | 100 克 |
| 胡萝卜 | 50 克 |
| 盐 | 适量 |
| 淀粉 | 适量 |
| 鸡蛋 | 1 个 |
| 豆瓣酱 | 适量 |
| 米醋 | 适量 |
| 料酒 | 适量 |
| 白糖 | 适量 |
| 水淀粉 | 适量 |
| 植物油 | 适量 |

## 制作过程

**1**

木耳放入容器内，加入清水泡发。

**2**

胡萝卜洗净，削皮，切成丝备用；蒜薹洗净，去掉头尾，切成段备用。

**3**

猪后丘肉洗净，顺纹理切成丝，放入容器内。

**4**

加入盐、鸡蛋搅拌均匀，腌制片刻，让猪肉丝入味，加入淀粉搅拌均匀即可。

**5**

将泡发好的木耳切成丝备用。

**6**

炒锅置于火上，倒入植物油烧至五成热，倒入猪肉丝，用筷子拨散，捞出沥油。

**7**

将蒜薹段、胡萝卜丝、木耳丝下入油锅中翻炒，炒香后加入肉丝。

**8**

倒入豆瓣酱炒散，加入蒜片、米醋、料酒、白糖，用水淀粉勾芡，快速翻炒均匀即可。

锅包肉

| 猪肉 | 400 克 |
| --- | --- |
| 番茄酱 | 3 汤勺 |
| 香菜 | 3 根 |
| 姜丝 | 适量 |
| 红彩椒丝 | 适量 |
| 淀粉 | 2 汤勺 |
| 白醋 | 1 汤勺 |
| 白糖 | 2 汤勺 |
| 盐 | 适量 |
| 料酒 | 适量 |
| 植物油 | 适量 |

（制）（作）（过）（程）

❶

猪肉切成片。

❷

将猪肉片放入碗中，放入料酒、盐腌制
30 分钟。

❸

将淀粉放入碗中，加入适量的清水。

❹

将淀粉搅拌成糊状。

❺

炒锅倒入植物油烧至五成热，将粘好面糊
的猪肉片依次放入锅中。

❻

将猪肉片炸至呈金黄色，捞出沥油。

❼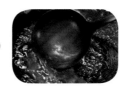

另起锅，倒入植物油，将番茄酱倒入锅中，
加入白醋、白糖、盐调味，将水淀粉倒入
锅中迅速搅拌。

❽

待汤汁黏稠放入猪肉片，翻炒均匀后放入
姜丝，上桌时撒上香菜、红彩椒丝即可食
用。

干炸里脊

## 食 材

| | |
|---|---|
| 猪里脊肉 | 350 克 |
| 面粉 | 适量 |
| 鸡蛋 | 1 个 |
| 盐 | 1 汤勺 |
| 番茄酱 | 3 汤勺 |
| 植物油 | 适量 |

## 制 作 过 程

**1** 将猪里脊肉先切成厚片，再切成长条。

**2** 取一大碗放入面粉。

**3** 将鸡蛋磕入碗中。

**4** 在碗中加入适量的清水，将面粉和蛋液搅拌成糊状。

**5** 将切好的猪里脊肉条放入碗中，加入盐，腌制 15 分钟。

**6** 炒锅倒入植物油烧至五成热，放入猪里脊肉条炸至呈浅黄色，捞出放凉，再次将猪里脊肉条放到锅里炸，炸至呈金黄色即可捞出。

**7** 食用时可搭配番茄酱。

糖醋里脊

## 食材

| | |
|---|---|
| 猪里脊肉 | 400 克 |
| 白糖 | 适量 |
| 醋 | 适量 |
| 淀粉 | 100 克 |
| 鸡蛋 | 1 个 |
| 番茄酱 | 适量 |
| 盐 | 适量 |
| 植物油 | 适量 |
| 白芝麻 | 适量 |

## 制作过程

**1**

将猪里脊肉洗净，去皮，切成条备用。

**2**

将淀粉倒入容器内，加入鸡蛋、清水，搅拌均匀成面糊备用。

**3**

切好的猪里脊肉条放在容器内，加入盐，让肉有底味。

**4**

将猪里脊肉条裹上面糊；炒锅置于火上，倒入植物油烧至四成热，将猪里脊肉条下油锅炸至呈金黄色，即可捞出沥油备用。

**5**

另起锅，倒入植物油，倒入白糖、醋、番茄酱、盐，快速用勺子在锅内搅拌。

**6**

待番茄酱打散，锅内冒泡，倒入炸好的猪里脊肉条快速翻炒均匀，撒上白芝麻即可出锅。

糖醋排骨

## 食材

| | |
|---|---|
| 猪排骨 | 300 克 |
| 葱段 | 2 段 |
| 姜片 | 5 片 |
| 老抽 | 适量 |
| 料酒 | 适量 |
| 盐 | 适量 |
| 淀粉 | 适量 |
| 白醋 | 适量 |
| 白糖 | 适量 |
| 番茄酱 | 适量 |
| 水淀粉 | 适量 |
| 植物油 | 适量 |

## 制作过程

**1**

猪排骨洗净，斩成块备用。

**2**

炒锅置于火上，倒入清水，加入猪排骨块焯烫 5~10 分钟，用勺子撇除血沫，捞出猪排骨块沥水。

**3**

另起锅，倒入植物油，加入葱段、姜片煸香，加入猪排骨块炒制，加入老抽、料酒、清水、盐，炖 20 分钟左右，捞出，去除香料。

**4**

将沥干水分的猪排骨块放入容器内，加入淀粉，搅拌均匀。

**5**

坐锅点火，倒入植物油烧至五成热，倒入猪排骨块炸制，待猪排骨块呈金黄色，即可捞出沥油。

**6**

另起锅，倒入白醋、白糖、番茄酱炒至均匀黏稠，加入水淀粉勾芡，快速加入猪排骨块炒制均匀，即可出锅。

炸肘子

## (食)(材)

| | |
|---|---|
| 肘子 | 500 克 |
| 姜片 | 5 片 |
| 葱段 | 3 段 |
| 肉蔻 | 3 个 |
| 白扣 | 2 个 |
| 花椒 | 5 克 |
| 大料 | 2 瓣 |
| 香叶 | 2 片 |
| 干辣椒 | 适量 |
| 老抽 | 适量 |
| 料酒 | 适量 |
| 孜然 | 20 克 |
| 桂皮 | 3 克 |
| 盐 | 适量 |
| 小茴香 | 5 克 |
| 植物油 | 适量 |

## (制)(作)(过)(程)

**1**

将炒锅置于火上，倒入清水，加入肘子焯
烫 10~15 分钟，捞出。

**2**

另起锅，倒入植物油，加入姜片、大料、
香叶、小茴香、桂皮、花椒、肉蔻、白扣、
孜然、干辣椒、葱段煸香，加入清水、肘子、
料酒、老抽、盐，炖制 40~60 分钟。

**3**

将肘子捞出，去除香料备用。

**4**

炒锅置于火上，倒入植物油，下入肘子炸
制，捞出沥油。

**5**

将肘子去骨，皮肉分离，切小块，装盘即
可。

炸猪排

## 食材

| | |
|---|---|
| 猪肉 | 400 克 |
| 淀粉 | 50 克 |
| 面包糠 | 适量 |
| 鸡蛋 | 适量 |
| 盐 | 适量 |
| 番茄酱 | 适量 |
| 植物油 | 适量 |

## 制作过程

**1**

猪肉去筋皮，片大片备用。

**2**

将猪肉片放入容器内，加入盐、鸡蛋、淀粉搅拌均匀。

**3**

将猪肉片平铺在盘子上面，均匀撒上面包糠。

**4**

炒锅置于火上，倒入植物油烧至五成热，将猪肉片慢慢下入，炸至呈金黄色，即可捞出沥油备用。

**5**

将炸好的猪肉片切粗条，装盘。

**6**

吃的时候，旁边放一小碗番茄酱蘸食。

杭椒牛柳

## 食材

| | |
|---|---|
| 牛肉 | 350 克 |
| 杭椒 | 70 克 |
| 红彩椒条 | 适量 |
| 鸡蛋 | 2 个 |
| 淀粉 | 2 汤勺 |
| 姜片 | 适量 |
| 蒜片 | 适量 |
| 料酒 | 2 汤勺 |
| 蚝油 | 2 汤勺 |
| 老抽 | 2 汤勺 |
| 白糖 | 2 汤勺 |
| 盐 | 适量 |
| 植物油 | 适量 |

## 制作过程

**1**

牛肉洗净，切成条。

**2**

将杭椒洗净，切成长条。

**3**

把牛肉条放在大碗中，放入料酒、清水、盐。

**4**

磕入一个鸡蛋，搅拌均匀腌制 15 分钟，放入淀粉将牛肉条上浆。

**5**

炒锅置于火上，倒入植物油烧至五成热，放入牛肉条，迅速将牛肉条拨散。

**6**

将牛肉条炸至变色后捞出沥油；将杭椒条放入油锅中稍炸一下，捞出沥油。

**7**

另起锅，放入植物油，放入姜片、蒜片煸香；放入牛肉条翻炒均匀。

**8**

倒入蚝油、白糖、盐、老抽、杭椒条、红彩椒条，迅速翻炒即可出锅了。

黑椒
牛肉粒

食 材

| | |
|---|---|
| 牛肉 | 300 克 |
| 胡椒粉 | 适量 |
| 蒜片 | 5 片 |
| 姜片 | 4 片 |
| 鸡蛋 | 1 个 |
| 淀粉 | 适量 |
| 水淀粉 | 适量 |
| 白糖 | 适量 |
| 盐 | 适量 |
| 生抽 | 适量 |
| 植物油 | 适量 |

制 作 过 程

**1** 牛肉洗净，切成丁备用。

**2** 将牛肉丁放入容器内，加入盐、鸡蛋搅拌均匀，加入淀粉搅拌均匀。

**3** 炒锅置于火上，倒入植物油，待油温升至六成热，加入牛肉丁过油，捞出沥油。

**4** 另起锅，倒入植物油，加入姜片、蒜片煸香，加入牛肉丁、生抽、清水、白糖、胡椒粉炒至均匀。

**5** 临出锅时用水淀粉勾芡即可。

葱爆牛肉

牛肉            400 克
姜片            5 片
蒜片            7 片
香葱            适量
盐              适量
鸡蛋            1 个
淀粉            适量
料酒            少许
生抽            适量
植物油          适量

**1**

香葱洗净，切成段备用。

**2**

牛肉洗净，切成肉片备用。

**3**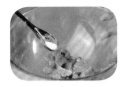

将牛肉片放入容器内，加入盐、鸡蛋、淀粉搅拌均匀。

**4**

炒锅置于火上，倒入植物油烧至六成热，加入牛肉片，待牛肉片微微定型，快速拨散，捞出沥油。

**5**

锅内留有植物油，加入姜片、蒜片煸香，加入生抽，料酒、盐、香葱段快速翻炒，即可出锅。

# 山药牛柳

## 食材

| | |
|---|---|
| 牛肉 | 200 克 |
| 山药 | 200 克 |
| 胡萝卜 | 100 克 |
| 青椒 | 100 克 |
| 姜片 | 4 片 |
| 蒜片 | 6 片 |
| 鸡蛋 | 1 个 |
| 淀粉 | 适量 |
| 盐 | 适量 |
| 水淀粉 | 适量 |
| 植物油 | 适量 |

## 制作过程

❶ 牛肉洗净，切成牛肉条备用。

❷ 胡萝卜削皮，切成厚片，再用波浪刀切成条。

❸ 山药削皮，切成厚片，再用波浪刀切成条。

❹ 青椒去瓤，用波浪刀切成粗条。

❺ 牛肉条放入容器内，加入盐、鸡蛋、淀粉，搅拌均匀。

❻ 炒锅置于火上，倒入植物油烧至六成热，加入牛肉条过油，待牛肉条微微定型，快速拨散，断生后捞出沥油。

❼ 另起锅，倒入清水，加入山药条、胡萝卜条、青椒条焯烫一下，捞出沥水。

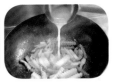

❽ 另起锅，倒入植物油，加入姜片、蒜片煸香，加入牛肉条、山药条、胡萝卜条、青椒条翻炒，再加入盐、水翻炒均匀，临出锅时加入水淀粉勾芡即可。

黑椒牛柳

## 食材

| | |
|---|---|
| 牛肉 | 500 克 |
| 洋葱 | 50 克 |
| 青椒 | 10 克 |
| 红椒 | 10 克 |
| 大蒜 | 5 瓣 |
| 黑椒汁 | 适量 |
| 盐 | 适量 |
| 鸡蛋 | 1 个 |
| 淀粉 | 适量 |
| 生抽 | 适量 |
| 水淀粉 | 适量 |
| 白糖 | 适量 |
| 植物油 | 适量 |

## 制作过程

**1**

所有蔬菜洗净备用，将洋葱切成丝，放在铁板上备用。

**2**

大蒜按压，剁成碎末。

**3**

牛肉洗净，顺纹理切成肉条。

**4**

红椒、青椒切成菱形块备用。

**5**

将牛肉条放入容器内，加入盐、鸡蛋、清水搅拌均匀。

**6**

加入淀粉，将牛肉条搅拌均匀。

**7**

炒锅置于火上，倒入植物油烧至五成热，将牛肉条倒入，待牛肉条微微定型，用筷子快速拨动搅开，断生后即可捞出沥油。

**8**

另起锅，倒入植物油，加入洋葱丝、蒜末煸香，加入清水、黑椒汁、生抽、盐、白糖、牛肉条、青椒块、红椒块，用水淀粉勾芡即可出锅。

老北京
炒羊肉

## 食材

| 羊肉 | 500 克 |
|---|---|
| 葱 | 1 根 |
| 香菜 | 100 克 |
| 大蒜 | 15 瓣 |
| 姜片 | 适量 |
| 老抽 | 1 汤勺 |
| 盐 | 适量 |
| 烧烤料 | 50 克 |
| 白芝麻 | 适量 |
| 红椒丝 | 适量 |
| 植物油 | 适量 |

## 制作过程

**1**

羊肉洗净，切成薄片。

**2**

香菜洗净去蒂，切成段。

**3**

葱剥去外皮，去掉绿叶留葱白，切成葱花。

**4**

大蒜切成片。

**5**

将羊肉片放入大碗中，加入盐、老抽搅拌均匀。

**6**

炒锅置于火上，倒入植物油，放入姜片、蒜片煸香，放入羊肉片迅速翻炒均匀至变色。

**7**

加入葱花，放入适量的盐。

**8**

放入烧烤料翻炒均匀，加入香菜段翻炒一下，放入白芝麻、红椒丝即可出锅了。

# 炸羊排

食 材

| 羊排 | 500 克 |
|------|--------|
| 姜片 | 5 片 |
| 葱段 | 3 段 |
| 肉蔻 | 1 个 |
| 白扣 | 2 个 |
| 花椒 | 5 克 |
| 大料 | 2 瓣 |
| 香叶 | 2 片 |
| 干辣椒 | 适量 |
| 老抽 | 适量 |
| 料酒 | 适量 |
| 孜然 | 20 克 |
| 桂皮 | 3 克 |
| 盐 | 适量 |
| 白芝麻 | 适量 |
| 香菜叶 | 适量 |
| 植物油 | 适量 |

制 作 过 程

**1** 羊排洗净，两根一组切开，斩成块。

**2** 炒锅置于火上，倒入清水，下入羊排块焯烫 5~10 分钟，用勺子撇除血沫，捞出羊排块沥水。

**3** 另起锅，倒入植物油，加入姜片、大料、香叶、桂皮、花椒、肉蔻、白扣、孜然、干辣椒、葱段煸香，加入清水、羊排块、料酒、老抽、盐，炖制 40~60 分钟。

**4** 将羊排块捞出，去除香料。

**5** 炒锅置于火上，倒入植物油烧至五成热，下入羊排块炸制，捞出沥油。

**6** 吃的时候撒上白芝麻、香菜叶即可。

菠萝鸡

## 食材

| | |
|---|---|
| 鸡腿 | 1只 |
| 菠萝 | 200 克 |
| 姜片 | 适量 |
| 红彩椒 | 25 克 |
| 黄彩椒 | 25 克 |
| 盐 | 适量 |
| 白糖 | 适量 |
| 生抽 | 2 汤勺 |
| 料酒 | 1 汤勺 |
| 水淀粉 | 1 汤勺 |
| 植物油 | 适量 |

## 制作过程

**1**

鸡腿斩块。

**2**

将处理好的菠萝切成滚刀块。

**3**

将鸡块放入沸水中焯烫，用勺子将锅中的血沫撇出。

**4**

另起锅，倒入植物油，放入姜片煸香。

**5**

放入沥干水分的鸡块。

**6**

将鸡块炒至变色，加入料酒、生抽、白糖。

**7**

放入清水、盐。

**8**

加入菠萝块和切好的红彩椒片、黄彩椒片，倒入水淀粉，用大火迅速翻炒均匀即可出锅。

韭菜
炒鸡丝

84

## 食材

| | |
|---|---|
| 韭菜 | 200 克 |
| 红椒 | 4 克 |
| 鸡胸肉 | 100 克 |
| 姜片 | 适量 |
| 大蒜 | 适量 |
| 鸡蛋 | 1 个 |
| 盐 | 适量 |
| 水淀粉 | 2 汤勺 |
| 淀粉 | 适量 |
| 生抽 | 适量 |
| 植物油 | 适量 |

## 制作过程

❶

将韭菜洗净，切成段；红椒去筋，切成丝。

❷

鸡胸肉洗净，先切成薄片，再切成鸡丝，将切好的鸡丝放入碗中，加入蛋液。

❸

放入生抽，搅拌均匀，加入淀粉上浆。

❹

炒锅置于火上，放入植物油，油热后放入鸡丝，用筷子将鸡丝快速拨散，待鸡丝炸至变色，捞出备用。

❺

另起锅，倒入少量植物油，放入姜片和大蒜煸出香味，放入鸡丝翻炒。

❻

放入韭菜段和红椒丝。

❼

加入适量的盐调味。

❽

放入水淀粉翻炒收汁即可。

宫保鸡丁

## 食 材

| | |
|---|---|
| 鸡胸肉 | 200 克 |
| 葱 | 300 克 |
| 花生 | 50 克 |
| 蒜片 | 7 片 |
| 姜片 | 5 片 |
| 干辣椒 | 适量 |
| 鸡蛋 | 1 个 |
| 淀粉 | 适量 |
| 生抽 | 适量 |
| 豆瓣酱 | 适量 |
| 白糖 | 适量 |
| 水淀粉 | 适量 |
| 料酒 | 适量 |
| 盐 | 适量 |
| 植物油 | 适量 |

## 制 作 过 程

**1**

葱洗净，切成段备用。

**2**

鸡胸肉洗净，切成丁，放入容器内备用。

**3**

加入盐、鸡蛋、淀粉搅拌均匀。

**4**

炒锅置于火上，倒入植物油，下入鸡丁过油断生，捞出沥油。

**5**

锅内留有植物油，下入蒜片、姜片、干辣椒煸香，加入豆瓣酱、料酒、生抽、白糖、水淀粉，下入鸡丁、葱段快速翻炒，加入花生炒制即可出锅。

熘鸡片

## 食材

| | |
|---|---|
| 鸡胸肉 | 500 克 |
| 黄瓜 | 100 克 |
| 胡萝卜 | 80 克 |
| 鸡蛋 | 1 个 |
| 姜片 | 适量 |
| 蒜片 | 适量 |
| 黄彩椒 | 1 个 |
| 料酒 | 1 汤勺 |
| 盐 | 适量 |
| 淀粉 | 适量 |
| 水淀粉 | 适量 |
| 植物油 | 适量 |

## 制作过程

**1**

鸡胸肉洗净，去除筋膜，切成薄片。

**2**

黄瓜去皮，切成片。

**3**

胡萝卜去皮，切成片。

**4**

切好的鸡肉片放入大碗中，加入适量的清水，再将鸡蛋磕入碗中。

**5**

加入适量的盐，将其搅拌均匀，再加入淀粉，继续搅拌均匀。

**6**

炒锅置于火上，倒入植物油烧至五成热，放入上好浆的鸡肉片用筷子迅速拨散，待鸡肉炸至呈浅黄色时，捞出沥油备用。

**7**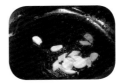

另起锅，倒入少量植物油，放入姜片、蒜片煸香，放入切好的黄彩椒片、黄瓜片、胡萝卜片翻炒均匀。

**8**

再放入鸡肉片，加入盐、料酒，临出锅时加入水淀粉勾芡，翻炒均匀即可出锅。

莴笋
炒肉片

## 食材

| | |
|---|---|
| 猪肉 | 200 克 |
| 莴笋 | 300 克 |
| 红椒块 | 10 克 |
| 姜片 | 5 片 |
| 蒜片 | 5 瓣 |
| 盐 | 适量 |
| 鸡蛋 | 1 个 |
| 淀粉 | 适量 |
| 水淀粉 | 适量 |
| 植物油 | 适量 |

## 制作过程

**1**

莴笋去皮，切成菱形片备用。

**2**

猪肉洗净，切成肉片备用。

**3**

将猪肉片倒入容器内，加入鸡蛋、淀粉，搅拌均匀备用。

**4**

炒锅置于火上，倒入植物油烧至五成热，倒入猪肉片，待猪肉片微微定型，用筷子快速拨散，断生后捞出沥油备用。

**5**

另起锅，倒入清水，焯烫莴笋片。

**6**

坐锅点火，倒入植物油，加入蒜片、姜片煸香，加入猪肉片煸炒，加入莴笋片快速翻炒。

**7**

加入红椒块、盐，少许清水翻炒均匀。

**8**

临出锅时，加入水淀粉勾芡即可。

# 香菇
# 栗子鸡

## 食 材

| | |
|---|---|
| 鸡腿 | 300 克 |
| 香菇 | 20 克 |
| 去皮板栗 | 20 克 |
| 姜片 | 适量 |
| 大蒜 | 5 瓣 |
| 红彩椒块 | 适量 |
| 青彩椒块 | 适量 |
| 生抽 | 适量 |
| 料酒 | 适量 |
| 白糖 | 适量 |
| 水淀粉 | 适量 |
| 盐 | 适量 |
| 植物油 | 适量 |

## 制 作 过 程

**❶**

大蒜切成片备用。

**❷**

香菇洗净，去香菇柄，斜刀切成四瓣。

**❸**

鸡腿洗净，斩成条，再斩成块。

**❹**

炒锅置于火上，倒入清水，加入鸡块焯烫10分钟，用勺子撇除血沫，捞出鸡块备用。

**❺**

另起锅，倒入植物油，加入蒜片、姜片煸香，加入鸡块、红彩椒块、青彩椒块、香菇、板栗翻炒，加入生抽、料酒、白糖、盐，用水淀粉勾芡，翻炒均匀即可。

香菇果仁

## 食材

| | |
|---|---|
| 香菇 | 200 克 |
| 花生 | 300 克 |
| 生抽 | 适量 |
| 蚝油 | 适量 |
| 白糖 | 适量 |
| 花椒 | 2 克 |
| 大料 | 1 瓣 |
| 香叶 | 1 片 |
| 葱花 | 适量 |
| 盐 | 适量 |
| 料酒 | 适量 |
| 植物油 | 适量 |

## 制作过程

**1**

炒锅置于火上，倒入清水，加入花生、香叶、大料、花椒、盐，煮熟捞出。

**2**

将花生去皮备用。

**3**

香菇洗净，去根备用。

**4**

炒锅置于火上，倒入清水，下入香菇焯熟，捞出沥水。

**5**

另起锅，倒入植物油，加入葱花煸香，加入蚝油、料酒、白糖、生抽、香菇、花生炒制均匀即可。

滑蛋虾仁

## 食材

| | |
|---|---|
| 虾仁 | 500 克 |
| 鸡蛋 | 3 个 |
| 香葱 | 2 根 |
| 盐 | 适量 |
| 枸杞子 | 适量 |
| 植物油 | 适量 |

## 制作过程

**1**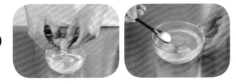

将鸡蛋磕入碗中，放入一小勺盐。

**2**

将切好的香葱段放入蛋液中。

**3**

将蛋液搅拌均匀。

**4**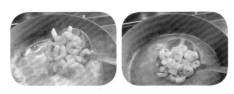

将虾仁放入沸水中焯烫，虾仁变色后捞出沥水备用。

**5**

炒锅置于火上，倒入植物油，将蛋液倒入锅中。

**6**

蛋液没有完全凝固时，将虾仁倒在蛋液中。

**7**

迅速翻炒。

**8**

待蛋液与虾仁互相包裹完全熟透，即可出锅了，食用时撒上切好的香葱末、枸杞子装饰。

干烧
黄花鱼

## 食材

| | |
|---|---|
| 黄花鱼 | 1条 |
| 五花肉 | 100克 |
| 香菇 | 6~8个 |
| 胡萝卜 | 80克 |
| 青豆 | 100克 |
| 葱花 | 适量 |
| 蒜片 | 1头 |
| 豆瓣酱 | 2汤勺 |
| 老抽 | 1汤勺 |
| 生抽 | 2汤勺 |
| 白糖 | 2汤勺 |
| 盐 | 适量 |
| 植物油 | 适量 |

## 制作过程

**1**

将黄花鱼去除内脏和鱼鳞，洗净后在鱼的两侧分别切几刀，但不要切透（以便入味）；将香菇洗净，切去香菇柄。

**2**

将香菇切成丁；胡萝卜洗净，切成丁。

**3**

五花肉切成肉丁。

**4**

炒锅置于火上，倒入足量的植物油，待油温升至七成热时放入黄花鱼，将黄花鱼炸至呈金黄色，捞出沥油。

**5**

炒锅内倒入植物油，放入五花肉丁，将五花肉肉丁炒至变色。

**6**

放入葱花、蒜片煸出香味，加入老抽、生抽、白糖、盐、豆瓣酱炒香。

**7**
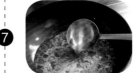 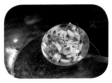

加入清水煮沸，将锅中的葱花、蒜片捞出。

**8**
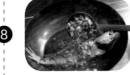 

放入炸好的黄花鱼、香菇丁、胡萝卜丁、青豆炖煮，待汤汁黏稠即可出锅了。

黄瓜虾仁

食 材

| | |
|---|---|
| 虾仁 | 适量 |
| 黄瓜 | 适量 |
| 面粉 | 适量 |
| 盐 | 适量 |
| 白糖 | 适量 |
| 植物油 | 适量 |

 制 作 过 程

❶ 取一个碗，倒入面粉，加入适量的清水，将面粉和成面糊。

❷ 黄瓜去皮，切成两半，然后切成锯齿形的片。

❸ 炒锅置于火上，倒入植物油烧至八成热，将虾仁裹满面糊放入热油中炸。

❹ 将虾仁炸呈金黄色，捞出备用。

❺ 另起锅，放入适量的清水，水烧沸后放入一勺白糖，用勺子沿一个方向不停搅拌。

❻ 待糖色变深时放入炸好的虾仁。

❼ 放入切好的黄瓜片翻炒均匀，再放入适量的盐调味即可。

韭菜
炒鸡蛋

## 食 材

| | |
|---|---|
| 韭菜 | 200 克 |
| 鸡蛋 | 3 个 |
| 葱花 | 适量 |
| 盐 | 适量 |
| 植物油 | 适量 |
| 红椒丝 | 适量 |

## 制 作 过 程

❶ 将韭菜洗干净，切成段。

❷ 鸡蛋磕入碗中，加入适量的盐。

❸ 将蛋液搅拌均匀；炒锅置于火上，放入植物油，倒入蛋液炒熟。

❹ 另起锅，加入少量植物油，放入葱花炝锅。

❺ 放入韭菜段，翻炒均匀。

❻ 加入盐。

❼ 放入鸡蛋、红椒丝翻炒均匀，出锅装盘即可。

炒合菜

## 食材

| | |
|---|---|
| 豆芽菜 | 150 克 |
| 韭菜 | 150 克 |
| 牛肉片 | 100 克 |
| 粉丝 | 50 克 |
| 胡萝卜 | 80 克 |
| 鸡蛋 | 3 个 |
| 葱段 | 适量 |
| 姜片 | 适量 |
| 蒜片 | 3 瓣 |
| 生抽 | 2 汤勺 |
| 盐 | 适量 |
| 植物油 | 适量 |

## 制作过程

**1**

将洗净的胡萝卜去皮，切成细丝。

**2**

择洗干净的韭菜切成段。

**3**

粉丝放入装有清水的大碗中泡软。

**4**

鸡蛋磕入碗中，放入少量的盐。

**5**

蛋液搅拌均匀；炒锅放入植物油，将蛋液倒入锅中，摊成蛋饼，盛出切条。

**6**

另起锅，放入植物油，加入葱段、姜片、蒜片煸香，再放入牛肉片、豆芽菜、生抽。

**7**

放入盐、粉丝翻炒均匀。

**8**

放入韭菜段、胡萝卜丝、蛋饼条翻炒均匀，即可出锅。

菠萝
咕咾肉

## 食材

| | |
|---|---|
| 猪肉 | 500 克 |
| 菠萝 | 250 克 |
| 鸡蛋 | 2 个 |
| 淀粉 | 1 汤勺 |
| 姜片 | 适量 |
| 番茄酱 | 3 汤勺 |
| 米醋 | 1 汤勺 |
| 生抽 | 2 汤勺 |
| 盐 | 适量 |
| 白糖 | 2 汤勺 |
| 白芝麻 | 适量 |
| 植物油 | 适量 |

## 制作过程

❶

先将洗净的猪肉切成厚片，再将肉片改刀成肉段。

❷

将菠萝切成滚刀块；将鸡蛋磕入盛有淀粉的碗里。

❸

在碗中倒入适量的清水，搅拌成糊状，将猪肉段放入碗中，使所有的猪肉段均匀地裹满蛋糊。

❹

炒锅置于火上，倒入植物油，待油温升至七成热时，将猪肉段放入锅中，待猪肉段炸至呈金黄色时，捞出备用。

❺

另起锅，放入植物油，放入姜片煸香，将调好的蜜汁（番茄酱、米醋、白糖、盐、淀粉、生抽、清水）倒入锅中。

❻

将蜜汁熬至黏稠，放入猪肉段、菠萝块翻炒均匀，撒白芝麻即可。

烧汁四宝

## 食材

| | |
|---|---|
| 茄子 | 300 克 |
| 南瓜 | 200 克 |
| 土豆 | 200 克 |
| 青椒 | 适量 |
| 红椒 | 适量 |
| 大蒜 | 5 瓣 |
| 烧汁 | 适量 |
| 植物油 | 适量 |
| 葱花 | 适量 |
| 白芝麻 | 适量 |
| 盐 | 适量 |

## 制作过程

**1**

大蒜切成片备用。

**2**

将南瓜洗净，去皮，切成条；红椒洗净，切成条；青椒洗净，切成条。

**3**

土豆去皮，切成条；茄子洗净，切成条。

**4**

炒锅置于火上，倒入植物油，待油烧至七成热，加入土豆条、南瓜条，待颜色加深、表皮发干且有小泡时，即可捞出控油。

**5**

将茄子条放入油锅内炸软，捞出控油备用。

**6**

另起锅，加入葱花、蒜片煸香，加入茄子条、南瓜条、土豆条、青椒条、红椒条快速翻炒。

**7**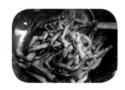

加入烧汁、盐、白芝麻炒香，即可出锅。

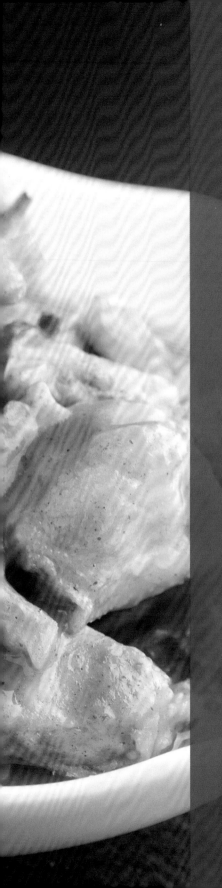

滋补焖炖菜

农家炖菜

## 食材

| | |
|---|---|
| 猪排骨 | 200 克 |
| 玉米 | 1 根 |
| 土豆 | 200 克 |
| 南瓜 | 100 克 |
| 姜片 | 5 片 |
| 大蒜 | 6 瓣 |
| 生抽 | 适量 |
| 盐 | 适量 |
| 大料 | 2 瓣 |
| 植物油 | 适量 |
| 香葱丝 | 适量 |
| 红椒丝 | 适量 |

## 制作过程

**1**

土豆洗净，削皮备用。

**2**

南瓜去皮，去瓤，切成小块备用。

**3**

土豆切成块备用。

**4**

玉米洗净，切成块备用。

**5**

猪排骨洗净，剁成块备用。

**6**

炒锅置于火上，倒入清水，加入猪排骨块炖 3~5 分钟，撇除血沫即可捞出沥水备用。

**7**

另起锅，加入植物油、姜片、大蒜、大料炒香，加入猪排骨块翻炒，加入生抽、清水、盐，炖煮 10 分钟。

**8**

加入土豆块、南瓜块、玉米块、盐，炖至熟透，出锅后撒香葱丝、红椒丝即可。

# 豆角炖肉

## 食 材

| | |
|---|---|
| 五花肉 | 300 克 |
| 豆角 | 200 克 |
| 姜片 | 5 片 |
| 蒜片 | 7 片 |
| 生抽 | 适量 |
| 白糖 | 适量 |
| 盐 | 适量 |
| 大料 | 2 瓣 |
| 料酒 | 适量 |
| 植物油 | 适量 |

## 制 作 过 程

**①**

豆角洗净，撕去筋，折成小段备用。

**②**

五花肉洗净，切成块备用。

**③**

炒锅置于火上，倒入清水，加入五花肉块焯烫 5~10 分钟，捞出沥水。

**④**

另起锅，倒入植物油，加入大料、姜片、蒜片煸香，加入五花肉块、生抽煸炒。

**⑤**

加入料酒、白糖、盐、清水炖 15 分钟左右。

**⑥**

加入豆角炖至熟透，即可出锅。

酸菜炖
粉条猪肉

## 食材

| | |
|---|---|
| 猪五花肉 | 200 克 |
| 酸菜 | 300 克 |
| 大蒜 | 适量 |
| 葱段 | 适量 |
| 姜片 | 适量 |
| 粉条 | 100 克 |
| 生抽 | 适量 |
| 盐 | 适量 |
| 香叶 | 适量 |
| 大料 | 适量 |
| 桂皮 | 适量 |
| 白糖 | 适量 |
| 植物油 | 适量 |
| 香葱段 | 适量 |

## 制作过程

**1**

酸菜去根，切丝。

**2**

猪五花肉洗净，切成块备用。

**3**

粉条用清水泡发，放置一旁；坐锅点火，倒入清水，将五花肉块放入焯烫 5~10 分钟，用勺子将血沫撇除。

**4**

炒锅置于火上，倒入植物油，加入葱段、姜片、香叶、大料、桂皮爆香。

**5**

加入猪五花肉块，倒入生抽、白糖、清水，炖 30~40 分钟后捞出。

**6**

重新坐锅，倒入植物油，加入姜片、大蒜、大料煸出香味，加入猪五花肉块。

**7**

加入酸菜快速翻炒，加入生抽、清水、粉条、盐，炖 20 分钟，撒香葱段即可出锅。

剁椒猪蹄

## 食材

| | |
|---|---|
| 猪蹄 | 1个 |
| 红椒丁 | 25 克 |
| 葱段 | 适量 |
| 姜片 | 适量 |
| 大蒜 | 3 瓣 |
| 老抽 | 2 汤勺 |
| 糖 | 1 汤勺 |
| 盐 | 适量 |
| 香葱末 | 适量 |
| 植物油 | 适量 |

## 制作过程

**1**

猪蹄去毛，洗净，劈开，剁成块。

**2**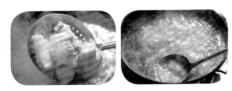

将猪蹄块放入沸水中焯烫，用勺子将血沫撇净。

**3**

将猪蹄块捞出放入高压锅中，加入葱段、姜片、大蒜、清水。

**4**

用高压锅煮 20 分钟，放凉后将猪蹄块捞出。

**5**

炒锅置于火上，倒入植物油，放入红椒丁煸炒。

**6**

放入糖、盐、老抽、清水。

**7**

放入猪蹄块，炖至汤汁黏稠，撒上香葱末，即可出锅。

# 腐乳炖肉

## 食 材

| | |
|---|---|
| 猪五花肉 | 500 克 |
| 腐乳 | 1 块 |
| 大蒜 | 5 瓣 |
| 姜片 | 适量 |
| 香葱末 | 适量 |
| 大料 | 5~8 个 |
| 老抽 | 2 汤勺 |
| 白糖 | 2 汤勺 |
| 盐 | 适量 |
| 植物油 | 适量 |

## 制 作 过 程

**1**

将猪五花肉切成块，再放入沸水中焯烫。

**2**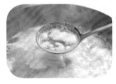

用勺子撇去锅中的血沫，将猪五花肉块捞出，沥干水分。

**3**

将炒锅置于火上，倒入植物油，放入姜片、大料、大蒜炒香。

**4**

放入猪五花肉块翻炒均匀。

**5**

放入老抽和碾碎的腐乳。

**6**

加入清水没过猪五花肉块。

**7**

放入盐、白糖，炖至汤汁黏稠、肉质软烂时，撒香葱末即可。

# 小洋葱
# 炖五花肉

## 食 材

| | |
|---|---|
| 猪五花肉 | 500 克 |
| 小洋葱 | 适量 |
| 白糖 | 适量 |
| 老抽 | 2 汤勺 |
| 生抽 | 2 汤勺 |
| 蚝油 | 1 汤勺 |
| 料酒 | 2 汤勺 |
| 盐 | 适量 |
| 葱 | 适量 |
| 姜 | 适量 |
| 植物油 | 适量 |

## 制 作 过 程

**1**

猪五花肉洗净，切成方块，冷水下锅，大火煮沸，撇去血沫；葱、姜切末；小洋葱去皮备用。

**2**

将焯好水的五花肉块捞出，控干水分备用。

**3**
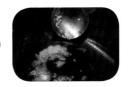

锅中放入植物油，加入白糖，炒出红色糖色，加入葱末、姜末。

**4**

加入控干水的猪五花肉块，翻炒上色，倒入料酒、清水。

**5**

放入盐、老抽、生抽、蚝油，盖上锅盖，小火慢炖 90 分钟，猪五花肉块炖至软烂后，加入小洋葱，再慢炖 10 分钟即可出锅。

土豆
炖牛腩

## 食材

| | |
|---|---|
| 牛肉 | 400 克 |
| 土豆 | 200 克 |
| 葱段 | 10 克 |
| 姜片 | 5 片 |
| 大蒜 | 5 瓣 |
| 生抽 | 适量 |
| 盐 | 适量 |
| 白糖 | 适量 |
| 大料 | 3 瓣 |
| 香菜叶 | 适量 |
| 植物油 | 适量 |

## 制作过程

① 牛肉洗净，切成厚块备用。

② 土豆洗净，去皮，切成滚刀块。

③ 炒锅置于火上，用清水焯烫牛肉块 5~10 分钟，用勺子将血沫撇除，捞出牛肉块备用。

④ 另起锅，倒入植物油，加入葱段、大蒜、姜片、大料煸香，加入牛肉块翻炒，炒香后，加入清水、生抽炖 20 分钟。

⑤ 加入盐、土豆块炖熟，临出锅时，加入白糖、香菜叶即可。

青笋
炖牛腩

## 食材

| | |
|---|---|
| 牛肉 | 200 克 |
| 青笋 | 200 克 |
| 大蒜 | 5 瓣 |
| 姜片 | 3 片 |
| 大料 | 适量 |
| 生抽 | 适量 |
| 盐 | 适量 |
| 植物油 | 适量 |
| 香菜叶 | 适量 |
| 红椒丝 | 适量 |

## 制作过程

**1**

牛肉洗净，切成块备用。

**2**

青笋洗净，去皮，切成滚刀块备用。

**3**

炒锅置于火上，倒入清水，将切好的牛肉块下锅，焯烫 5~10 分钟，用勺子将血沫撇除，牛肉块捞出沥水备用。

**4**

另起锅，倒入植物油，放入姜片、大蒜、大料煸出香味，加入牛肉块煸炒。

**5**

加入清水、生抽、青笋块、盐。

**6**

炖 40 分钟左右，加入香菜叶、红椒丝即可出锅。

羊蝎子

## 食材

| | |
|---|---|
| 羊蝎骨 | 500 克 |
| 孜然 | 适量 |
| 大料 | 3 瓣 |
| 花椒 | 5 克 |
| 香叶 | 2 片 |
| 桂皮 | 5 克 |
| 肉蔻 | 5 克 |
| 白芷 | 4 克 |
| 大蒜 | 8 瓣 |
| 姜片 | 5 片 |
| 香葱 | 适量 |
| 料酒 | 2 汤勺 |
| 老抽 | 适量 |
| 干辣椒 | 适量 |
| 盐 | 适量 |
| 香菜叶 | 适量 |

## 制作过程

**1**

将羊蝎骨斩成大块，放入容器内，倒入清水浸泡。

**2**

炒锅置于火上，倒入清水，加入羊蝎骨块，焯烫 20 分钟左右，撇除血沫，捞出沥水备用。

**3**

另起锅，倒入羊蝎骨块，加入清水、姜片、干辣椒、孜然、大料、花椒、香叶、桂皮、肉蔻、白芷、大蒜、香葱、盐、料酒、老抽。

**4**

炖 40~60 分钟出锅。

**5**

装盘后撒上香菜叶即可。

# 羊肉
## 炖胡萝卜

## 食材

| | |
|---|---|
| 羊肉 | 300 克 |
| 胡萝卜 | 100 克 |
| 粉条 | 50 克 |
| 大蒜 | 5 瓣 |
| 姜片 | 适量 |
| 生抽 | 适量 |
| 盐 | 适量 |
| 香葱末 | 适量 |
| 植物油 | 适量 |

## 制作过程

**1**

胡萝卜去皮，切成滚刀块。

**2**

羊肉洗净，切成块备用。

**3**

粉条放入容器内，浸泡 20 分钟。

**4**

炒锅置于火上，倒入清水，加入羊肉块，
焯烫 10~15 分钟，用勺子将血沫撇除，
捞出沥水。

**5**

另起锅，倒入植物油，加入姜片、大蒜煸
香，加入羊肉块煸炒，加入生抽、清水、
盐炖 15 分钟，加入胡萝卜块、粉条炖 10
分钟，出锅后撒香葱末即可。

茶树菇
焖鸡

## 食材

| | |
|---|---|
| 鸡腿 | 1 只 |
| 茶树菇 | 50 克 |
| 葱段 | 适量 |
| 姜片 | 适量 |
| 大蒜 | 3 瓣 |
| 大料 | 5~8 个 |
| 料酒 | 1 汤勺 |
| 老抽 | 1 汤勺 |
| 白糖 | 1 汤勺 |
| 盐 | 适量 |
| 红椒条 | 适量 |
| 青椒条 | 适量 |
| 植物油 | 适量 |

## 制作过程

❶

将茶树菇放在盛有清水的大碗中浸泡。

❷

将洗净的鸡腿斩成块。

❸

炒锅加入清水，将鸡腿块放入锅中焯烫，用勺子将锅中的血沫撇干净。

❹

将鸡腿块捞出备用。

❺

另起锅，倒入植物油，放入葱段、姜片、大蒜、大料煸出香味。

❻

将鸡腿块倒入锅中，翻炒均匀至变色，加入料酒。

❼

加入清水没过鸡腿块，加入老抽。

❽

加入白糖、盐、茶树菇炖 30 分钟，撒红椒条、青椒条，即可出锅。

咖喱鸡

## 食材

| | |
|---|---|
| 鸡腿 | 1 只 |
| 苦瓜 | 1 根 |
| 咖喱酱 | 3 块 |
| 姜片 | 适量 |
| 蒜片 | 适量 |
| 料酒 | 2 汤勺 |
| 盐 | 适量 |
| 红椒丝 | 适量 |
| 植物油 | 适量 |

## 制作过程

**1**

鸡腿斩成块。

**2**

苦瓜去瓤，切成片。

**3**

鸡腿块冷水下锅烧开，用勺子将血沫撇除。

**4**

炒锅倒入植物油，放入蒜片、姜片煸香。

**5**

放入鸡腿块翻炒均匀，放入料酒。

**6**
 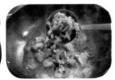
加入清水炖 30 分钟，放入苦瓜片。

**7**

放入咖喱酱，翻炒均匀。

**8**

放入盐、红椒丝，即可出锅。

黄焖鸡

## 食 材

| | |
|---|---|
| 三黄鸡 | 1 只 |
| 青椒 | 10 克 |
| 红椒 | 10 克 |
| 土豆 | 1 个 |
| 香菇 | 5~8 个 |
| 姜片 | 适量 |
| 大蒜 | 1 头 |
| 大料 | 5~8 瓣 |
| 生抽 | 2 汤勺 |
| 白糖 | 2 汤勺 |
| 盐 | 适量 |
| 料酒 | 适量 |
| 植物油 | 适量 |
| 香葱末 | 适量 |

## 制 作 过 程

**1**

三黄鸡切去鸡屁股，从中间劈开，去除内脏。

**2**

将三黄鸡去头，去脚，切成小块；洗净的香菇去除根部，切成四瓣。

**3**

土豆去皮，切成滚刀块。

**4**

青椒、红椒切成片；将鸡肉块下冷水锅焯烫。

**5**

用勺子将血沫撇干净，捞出备用；炒锅置于火上，倒入植物油，放入大蒜、姜片、大料煸香。

**6**

放入鸡肉块翻炒，放入生抽。

**7**

加入清水、料酒、土豆块、白糖、盐，炖至土豆块软烂。

**8**

将鸡肉块和土豆块及汤汁倒入砂锅中，放入香菇瓣、青椒片、红椒片炖至入味，出锅后撒香葱末即可。

# 土匪鸭

## 食 材

| | |
|---|---|
| 白条鸭 | 400 克 |
| 大蒜 | 5 瓣 |
| 姜片 | 5 片 |
| 大料 | 3 瓣 |
| 桂皮 | 5 克 |
| 豆瓣酱 | 20 克 |
| 干辣椒 | 适量 |
| 盐 | 适量 |
| 白芝麻 | 适量 |
| 香菜叶 | 适量 |
| 植物油 | 适量 |

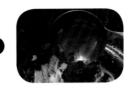

❸ 另起锅，倒入植物油，加入大料、姜片、大蒜、桂皮煸香，加入豆瓣酱煸炒出香味。

❹ 加入干辣椒、清水、盐、鸭块，炖至熟透，出锅后加入白芝麻、香菜叶即可。

## 制 作 过 程

❶ 将白条鸭洗净，斩成块备用。

❷ 炒锅置于火上，倒入清水，鸭块冷水下锅，焯烫 5~10 分钟，用勺子撇除血沫，捞出沥水。

鱼面炖
山菌

## 食材

| | |
|---|---|
| 草鱼 | 500 克 |
| 胡萝卜片 | 适量 |
| 水芹 | 10 克 |
| 白玉菇 | 50 克 |
| 木耳 | 5 克 |
| 小白菜 | 150 克 |
| 姜末 | 5 克 |
| 料酒 | 适量 |
| 胡椒粉 | 适量 |
| 盐 | 适量 |
| 淀粉 | 适量 |
| 香油 | 适量 |
| 鸡蛋清 | 1 个 |

## 制作过程

**1**

木耳放入容器内，倒入清水泡发后，沥干水分。

**2**

小白菜洗净，去根，从中间切开。

**3**

白玉菇洗净，去根，撕成小条。

**4**

水芹洗净，切成段。

**5**

草鱼去鱼头、鱼骨、鱼皮，将鱼肉剁成鱼蓉放入容器内。

**6**

加入姜末、料酒、盐、胡椒粉、鸡蛋清、淀粉，搅拌均匀，装入纸袋内。

**7**

炒锅置于火上，加入清水，待水烧开，转小火，将鱼蓉挤成鱼面，煮熟后慢慢捞出；另起锅，倒入清水，加入白玉菇、胡萝卜片、小白菜，焯烫一下捞出。

**8**

另起锅，倒入清水，加入盐、白玉菇、鱼面、木耳、小白菜、水芹段、胡萝卜片、胡椒粉煮 5~10 分钟，临出锅时，淋上几滴香油即可。

鲍鱼
炖土豆

## 食材

| | |
|---|---|
| 鲍鱼 | 5 只 |
| 蒜片 | 5 瓣 |
| 姜片 | 3 片 |
| 土豆 | 400 克 |
| 生抽 | 适量 |
| 蚝油 | 适量 |
| 盐 | 适量 |
| 白糖 | 适量 |
| 料酒 | 适量 |
| 植物油 | 适量 |
| 香菜叶 | 适量 |

## 制作过程

**1**

将鲍鱼清洗干净,用刀从鲍鱼肉与贝壳处插入,将鲍鱼切下。

**2**

土豆去皮,切成滚刀块备用。

**3**

鲍鱼清理干净,将鲍鱼凸起面改花刀备用。

**4**

炒锅置于火上,倒入植物油,待油温升至六成热,倒入土豆块,炸至呈金黄色即可捞出沥油。

**5**

另起锅,倒入清水,待水烧开,下入鲍鱼焯烫,捞出沥水。

**6**

另起锅,倒入植物油,加入姜片、蒜片煸香,加入生抽、清水、蚝油、土豆块、盐、白糖、料酒、鲍鱼炖至收汁,撒香菜叶即可出锅。

笋干炖肉

## 食材

| | |
|---|---|
| 猪五花肉 | 300 克 |
| 笋干 | 100 克 |
| 青椒片 | 10 克 |
| 红椒片 | 10 克 |
| 姜片 | 3 片 |
| 生抽 | 适量 |
| 白糖 | 适量 |
| 盐 | 适量 |
| 香叶 | 2 片 |
| 桂皮 | 5 克 |
| 花椒 | 3 颗 |
| 葱段 | 适量 |
| 植物油 | 适量 |
| 香葱段 | 适量 |

## 制作过程

**1**

笋干撕成小块，再切成薄片。

**2**

猪五花肉洗净，切成厚块备用。

**3**

炒锅置于火上，加入清水，下入猪五花肉块焯烫 5~10 分钟，捞出沥水备用。

**4**

另起锅，倒入植物油，加入香叶、姜片、花椒、桂皮、葱段煸香。

**5**

加入猪五花肉块翻炒，加入生抽、白糖、盐、清水炖 20~30 分钟，捞出五花肉块备用。

**6**

另起锅，倒入植物油，加入青椒片、红椒片、五花肉块、笋干片翻炒，加入清水、盐，炖 10 分钟，撒香葱段即可出锅。

爽口凉菜

芥末粉丝
菠菜

## 食材

| | |
|---|---|
| 菠菜 | 250 克 |
| 粉丝 | 1 把 |
| 芥末油 | 1 汤勺 |
| 盐 | 适量 |
| 大蒜 | 1 头 |
| 辣椒油 | 1 汤勺 |
| 白芝麻 | 适量 |

## 制作过程

**1** 菠菜清洗干净，切成段。

**2** 大蒜拍碎，切成蒜末。

**3** 将粉丝放入清水中泡软。

**4** 将菠菜冷水下锅，焯烫后捞出，冲凉备用；把粉丝放入沸水中，焯烫后捞出，冲凉备用。

**5** 将粉丝、菠菜放入大碗中，加入盐。

**6** 放入蒜末。

**7** 放入芥末油。

**8** 放入辣椒油、白芝麻搅拌均匀，即可食用。

# 大拌菜

## 食材

| | |
|---|---|
| 圆生菜 | 50 克 |
| 红彩椒 | 1 个 |
| 黄彩椒 | 1 个 |
| 黄瓜 | 150 克 |
| 紫甘蓝 | 50 克 |
| 圣女果 | 80 克 |
| 白糖 | 1 汤勺 |
| 盐 | 适量 |
| 白醋 | 1 汤勺 |
| 黑芝麻 | 20 克 |

## 制作过程

**1** 黄瓜洗净，切成片；圣女果洗净，切成块。

**2** 黄彩椒洗净，切成片。

**3** 红彩椒洗净，切成片。

**4** 圆生菜洗净，撕成块；紫甘蓝洗净，撕成块。

**5** 将所有蔬菜放入大碗中。

**6** 放入盐。

**7** 放入白糖。

**8** 加入白醋、黑芝麻，搅拌均匀即可食用。

老虎菜

## 食材

| | |
|---|---|
| 黄瓜 | 200 克 |
| 青椒 | 2 个 |
| 红彩椒 | 1 个 |
| 香菜 | 适量 |
| 辣椒油 | 2 汤勺 |
| 盐 | 适量 |
| 蒜末 | 适量 |

## 制作过程

**1**

红彩椒洗净，切成丝。

**2**

黄瓜洗净，切成丝。

**3**

香菜洗净，切成段。

**4**

青椒洗净，切成丝。

**5**

将所有的蔬菜放入大碗中，加入蒜末。

**6**

加入辣椒油拌匀。

**7**

加入盐，搅拌均匀即可。

凉拌
西芹丝

## 食材

| | |
|---|---|
| 西芹 | 250 克 |
| 红椒丝 | 适量 |
| 香菜段 | 适量 |
| 大蒜 | 8 瓣 |
| 干辣椒 | 25 克 |
| 白糖 | 2 汤勺 |
| 盐 | 适量 |
| 植物油 | 适量 |
| 白芝麻 | 适量 |

## 制作过程

**1**

将西芹洗净，去根，切成细丝。

**2**

大蒜先用刀拍扁，再剁成蒜末。

**3**

炒锅内倒入植物油，小火加热后放入干辣椒。

**4**

将榨好的辣椒油倒入碗中备用。

**5**

将西芹丝、香菜段、红椒丝放入碗中。

**6**

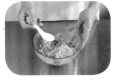 

放入白糖、盐。

**7**

放入辣椒油。

**8**

放入蒜末、白芝麻，搅拌均匀即可食用。

果仁菠菜

| | |
|---|---|
| 菠菜 | 400 克 |
| 花生 | 100 克 |
| 大蒜 | 20 克 |
| 干辣椒 | 15 克 |
| 盐 | 适量 |
| 白糖 | 2 汤勺 |
| 白芝麻 | 适量 |
| 醋 | 1 汤勺 |
| 香油 | 适量 |
| 植物油 | 适量 |

## 制 作 过 程

**1**

菠菜洗净，切成段。

**2**

将大蒜压扁，剁成蒜末。

**3**

菠菜放入沸水中焯烫，捞出过凉水，沥干水分备用。

**4**

炒锅放入植物油，将花生放入锅中，待花生炸至颜色变深，捞出沥油。

**5**

将干辣椒放入植物油中炸辣椒油，将榨好的辣椒油倒入碗中晾凉。

**6**

将菠菜放入碗中，加入花生。

**7**

放入醋、白糖、盐、香油。

**8**

放入辣椒油、蒜末、白芝麻，搅拌均匀即可。

辣拌
蕨根粉

## 食 材

| | |
|---|---|
| 蕨根粉 | 250 克 |
| 小米椒 | 50 克 |
| 香葱 | 5~8 棵 |
| 大蒜 | 8 瓣 |
| 白芝麻 | 适量 |
| 香油 | 1 汤勺 |
| 生抽 | 2 汤勺 |
| 辣椒油 | 2 汤勺 |
| 香醋 | 1 汤勺 |
| 白糖 | 1 汤勺 |
| 盐 | 适量 |

## 制 作 过 程

**1**

将香葱洗净，切成香葱末。

**2**

将蕨根粉放入大盆中，倒入清水，泡软后
将其煮熟。

**3**

大蒜剁成蒜末。

**4**

将小米椒切成椒圈。

**5**

将蒜末、小米椒圈放入碗中，加入香油。

**6**

加入生抽、香醋、白糖、盐、辣椒油，搅
拌均匀。

**7**

将蕨根粉放入容器中，倒入调味汁，加入
香葱末、白芝麻即可。

麻酱
素拉皮

**食 材**

| | |
|---|---|
| 拉皮 | 400 克 |
| 麻酱 | 100 克 |
| 胡萝卜 | 80 克 |
| 黄瓜 | 200 克 |
| 盐 | 适量 |
| 醋 | 适量 |
| 酱油 | 适量 |
| 香葱末 | 适量 |
| 红彩椒丁 | 适量 |

**制 作 过 程**

**1**

胡萝卜、黄瓜去皮，切成片。

**2**

将切好的蔬菜片切成细丝。

**3**

将麻酱加入水、醋、酱油、盐，沿一个方向搅拌均匀。

**4**

将拉皮、蔬菜细丝放入盘子中铺好。

**5**

用小勺将麻酱淋在拉皮表面，撒香葱末、红彩椒丁即可。

麻酱
莜麦菜

## 食 材

| | |
|---|---|
| 莜麦菜 | 500 克 |
| 白芝麻 | 适量 |
| 麻酱 | 100 克 |
| 蒜末 | 适量 |
| 酱油 | 适量 |
| 盐 | 适量 |

## 制 作 过 程

**1** 莜麦菜洗净，切成段备用。

**2** 麻酱中加入清水（分次加入）、酱油、盐。

**3** 用筷子沿一个方向搅拌均匀。

**4** 将麻酱淋在莜麦菜段上，放入蒜末、白芝麻即可。

醋腌萝卜

## 食材

| | |
|---|---|
| 白萝卜 | 1 根 |
| 香葱末 | 适量 |
| 红彩椒丁 | 适量 |
| 白芝麻 | 适量 |
| 醋 | 4 汤勺 |
| 盐 | 适量 |
| 白糖 | 2 汤勺 |

## 制作过程

❶ 白萝卜切去根须，去皮。

❷ 白萝卜切成厚片。

❸ 将白萝卜片放入大碗中，加入盐。

❹ 加入白糖。

❺ 加入醋，搅拌均匀。

❻ 腌制 30 分钟，加入香葱末、红彩椒丁、白芝麻即可食用。

四川泡菜

## 食 材

| 白萝卜 | 300 克 |
| --- | --- |
| 黄瓜 | 100 克 |
| 胡萝卜 | 50 克 |
| 卷心菜 | 50 克 |
| 小米泡椒 | 适量 |
| 盐 | 适量 |
| 白糖 | 适量 |
| 白醋 | 适量 |

## 制 作 过 程

❶

白萝卜洗净，去皮，切成丁备用。

❷

胡萝卜去皮，切成丁备用。

❸

黄瓜洗净，切成丁备用。

❹

卷心菜洗净，切成块。

❺

小米泡椒切成小丁。

❻

将所有蔬菜放入容器内，加入盐、白糖、白醋，搅拌均匀即可。

# 蓑衣黄瓜

# 食材

| | |
|---|---|
| 黄瓜 | 200 克 |
| 小米椒 | 适量 |
| 白芝麻 | 适量 |
| 大蒜 | 50 克 |
| 盐 | 适量 |
| 生抽 | 适量 |
| 香油 | 适量 |

# 制作过程

❶

将黄瓜洗净，改成蓑衣刀，先将一面斜刀切入一半，每隔 0.5cm 处再切一刀，然后在另一面与它相反的方向，用相同刀法从头切到尾。

❷

小米椒洗净，切成椒圈备用。

❸

大蒜剁成末。

❹

将黄瓜放入容器内，加入盐，腌制30~60 分钟。

❺

取一玻璃容器，加入生抽、香油、小米椒圈、蒜末搅拌均匀。

❻

将腌制好的黄瓜装盘，倒入调好的味汁，撒上白芝麻即可。

凉拌蔬菜

## 食材

| | |
|---|---|
| 西生菜 | 100 克 |
| 黄瓜 | 50 克 |
| 红彩椒 | 20 克 |
| 黄彩椒 | 20 克 |
| 圣女果 | 30 克 |
| 盐 | 适量 |
| 白糖 | 适量 |
| 白醋 | 适量 |
| 白芝麻 | 适量 |

## 制作过程

① 圣女果中间切开备用。

② 黄瓜洗净，切成片备用。

③ 红彩椒、黄彩椒斜刀切成片备用。

④ 西生菜用手撕成小块。

⑤ 将蔬菜放入容器内，加入盐、白糖、白醋，搅拌均匀装盘。

⑥ 撒白芝麻即可食用。

酸辣
萝卜条

食 材

| 白萝卜 | 500 克 |
| 小米椒 | 适量 |
| 大蒜 | 5 瓣 |
| 盐 | 适量 |
| 生抽 | 适量 |
| 米醋 | 适量 |
| 白芝麻 | 适量 |
| 香菜末 | 适量 |

制 作 过 程

① 白萝卜洗净，切成 1cm 长的条备用。

② 小米椒切成椒圈。

③ 大蒜剁成碎末。

④ 将白萝卜条放入容器内，加入白芝麻、小米椒圈、蒜末、香葱末、盐、生抽、米醋，搅拌均匀，装盘即可。

西芹
拌木耳

## 食材

| | |
|---|---|
| 西芹 | 300 克 |
| 木耳 | 10 克 |
| 大蒜 | 5 瓣 |
| 干辣椒 | 适量 |
| 米醋 | 适量 |
| 盐 | 适量 |
| 香油 | 适量 |
| 植物油 | 适量 |
| 洋葱丝 | 适量 |
| 红彩椒丝 | 适量 |

## 制作过程

**1** 西芹洗净，去皮，切成小段。

**2** 大蒜剁成末备用。

**3** 木耳装在容器内，倒入清水泡发。

**4** 炒锅置于火上，倒入植物油烧至五成热，加入干辣椒，将炸好的辣椒油倒出备用。

**5** 另起锅，倒入清水，将木耳、西芹段放入锅中焯熟，捞出控水，放入容器内。

**6** 加入洋葱丝、红彩椒丝、盐、辣椒油、米醋、蒜末、香油，搅拌均匀即可。

# 口水鸡

## 食材

| | |
|---|---|
| 三黄鸡 | 1 只 |
| 小米椒圈 | 20 克 |
| 蒜末 | 25 克 |
| 葱段 | 适量 |
| 姜片 | 1 块 |
| 干辣椒 | 3~5 个 |
| 花椒 | 30 粒 |
| 大料 | 5~8 瓣 |
| 香叶 | 3~5 片 |
| 桂皮 | 2 块 |
| 白芝麻 | 15 克 |
| 辣椒油 | 2 汤勺 |
| 生抽 | 2 汤勺 |
| 白糖 | 1 汤勺 |
| 香醋 | 1 汤勺 |
| 盐 | 适量 |
| 香葱末 | 适量 |

## 制作过程

**1**

将三黄鸡冷水下锅，放入葱段、姜片、干辣椒、香叶、桂皮、花椒、大料。

**2**

放入盐，盖上锅盖炖煮 1 小时，将三黄鸡捞出沥水晾凉。

**3**

取一大碗放入蒜末、小米椒圈，加入生抽、香醋。

**4**

加入辣椒油、白糖，调成调味汁。

**5**

将三黄鸡剁成均匀的块，摆入盘中。

**6**

将调味汁倒在鸡肉块上。

**7**

食用时撒上白芝麻、香葱末即可。

棒棒鸡

## 食材

| | |
|---|---|
| 鸡腿 | 1 只 |
| 白芝麻 | 10 克 |
| 葱段 | 适量 |
| 姜片 | 适量 |
| 大蒜 | 5 瓣 |
| 小米椒 | 25 克 |
| 干辣椒 | 10 克 |
| 香叶 | 3~5 片 |
| 桂皮 | 适量 |
| 香葱末 | 适量 |
| 花生 | 15 克 |
| 盐 | 适量 |
| 辣椒油 | 3 汤勺 |
| 生抽 | 1 汤勺 |
| 白糖 | 1 汤勺 |
| 醋 | 1 汤勺 |
| 麻油 | 半汤勺 |

## 制作过程

❶

将小米椒去蒂，切成小圈；将大蒜用刀压扁，切成蒜末。

❷

锅内加入清水，将鸡腿、葱段、姜片、干辣椒、香叶、桂皮放入锅中煮沸，用勺子撇去锅中的血沫，煮 10~15 分钟。

❸

将鸡腿捞出晾凉，放在菜板上，用擀面杖将鸡腿敲打松软，将鸡腿撕成细丝放到盘子中。

❹

取一小碗，将小米椒圈、蒜末放入碗中，加入辣椒油。

❺

加入生抽、醋。

❻

加入麻油、盐和白糖，制成料汁。

❼

将花生压成花生碎，加入料汁中搅拌均匀。

❽

食用时，撒上白芝麻、香葱末，将调好的料汁浇在鸡丝上即可。

果蔬沙拉

## 食材

| | |
|---|---|
| 生菜叶 | 30 克 |
| 圣女果 | 100 克 |
| 梨 | 1 个 |
| 黄瓜 | 200 克 |
| 沙拉酱 | 50 克 |

## 制作过程

**1** 梨去皮，去核。

**2** 将梨、黄瓜切成滚刀块。

**3** 将圣女果切成两半。

**4** 取一大碗，用生菜叶垫底，将圣女果块、梨块、黄瓜块放在上面，加入沙拉酱即可。

181

水果沙拉

# 食材

| | |
|---|---|
| 火龙果 | 1个 |
| 梨 | 1个 |
| 杧果 | 1个 |
| 沙拉酱 | 适量 |

# 制作过程

**1** 梨削皮，去核，切成块备用。

**2** 火龙果去掉头尾，中间切开，撕去表皮，切成块备用。

**3** 杧果从中间有核的地方横着片开，改花刀备用。

**4** 将杧果片、火龙果块、梨块放入盘中，淋沙拉酱即可食用。

蔬菜沙拉

## 食材

| | |
|---|---|
| 生菜 | 300 克 |
| 沙拉酱 | 50 克 |
| 红彩椒 | 50 克 |
| 黄彩椒 | 50 克 |
| 黄瓜 | 50 克 |
| 圣女果 | 50 克 |

## 制作过程

**1**

黄瓜洗净，切成片。

**2**

圣女果洗净，去蒂，中间切开。

**3**

黄彩椒、红彩椒洗净，掰成小块。

**4**

生菜撕成小片。

**5**

将处理好的蔬菜放入容器内，倒入沙拉酱即可。

意大利
沙拉

## 食材

| | |
|---|---|
| 牛肉 | 200 克 |
| 小洋葱 | 50 克 |
| 熟豌豆 | 20 克 |
| 黄彩椒 | 30 克 |
| 红彩椒 | 30 克 |
| 黄瓜 | 100 克 |
| 圣女果 | 50 克 |
| 盐 | 适量 |
| 胡椒粉 | 适量 |
| 植物油 | 适量 |

## 制作过程

❶

小洋葱切成片备用。

❷

圣女果切成片；红彩椒切成片。

❸

黄彩椒切成片备用。

❹

黄瓜去皮，斜刀切成片备用。

❺

牛肉切成片。

❻

炒锅置于火上，倒入植物油，加入小洋葱片、牛肉片炒制，待牛肉片熟后盛出晾凉。

❼

将"步骤 6"炒制的食材倒入盘中，加入黄瓜片、圣女果、红彩椒片、黄彩椒片、熟豌豆、盐、胡椒粉，搅拌均匀即可。

拌豆腐丝

## 食材

| | |
|---|---|
| 豆腐丝 | 150 克 |
| 香菜 | 20 克 |
| 胡萝卜 | 80 克 |
| 辣椒油 | 2 汤勺 |
| 蒜末 | 适量 |
| 盐 | 适量 |

## 制作过程

❶ 胡萝卜去皮。

❷ 胡萝卜切成丝。

❸ 香菜切成段。

❹ 将豆腐丝、胡萝卜丝、香菜段放入大碗中。

❺ 加入辣椒油。

❻ 放入蒜末和盐。

❼ 食材搅拌均匀即可。

鲜汁
拌海鲜

## 食 材

| | |
|---|---|
| 虾仁 | 200 克 |
| 毛蚶子 | 3 个 |
| 海螺 | 200 克 |
| 香葱末 | 适量 |
| 盐 | 适量 |
| 生抽 | 适量 |

## 制 作 过 程

**1**

炒锅置于火上，倒入清水，加入毛蚶子、海螺，煮开捞出。

**2**

将毛蚶子去除壳和内脏。

**3**

将海螺肉取出，去除内脏，切成片。

**4**

炒锅置于火上，倒入清水，加入虾仁、毛蚶子、海螺片，焯烫一下捞出沥水，放入容器内。

**5**

加入盐、生抽、香葱末，搅拌均匀即可。

拌龙须菜

## 食材

| | |
|---|---|
| 龙须菜 | 200 克 |
| 红彩椒 | 10 克 |
| 青椒 | 10 克 |
| 紫甘蓝 | 50 克 |
| 卷心菜 | 30 克 |
| 盐 | 适量 |
| 米醋 | 适量 |
| 香油 | 适量 |

## 制作过程

**1**

红彩椒切成丝备用；青椒切成丝备用。

**2**

卷心菜切成丝备用。

**3**

紫甘蓝去除大根，切成丝备用。

**4**

炒锅置于火上，倒入清水，待水烧开，下入龙须菜焯烫，熟后捞出沥水，放入容器内。

**5**

加入紫甘蓝丝、卷心菜丝、红彩椒丝、青彩椒丝、盐、米醋、香油搅拌均匀即可。

蒜泥茄子

## 食材

| | |
|---|---|
| 茄子 | 400 克 |
| 大蒜 | 6 瓣 |
| 红彩椒丁 | 5 克 |
| 黄彩椒丁 | 5 克 |
| 青椒丁 | 5 克 |
| 香油 | 适量 |
| 生抽 | 适量 |
| 盐 | 适量 |

## 制作过程

**1**

茄子去根，削皮，切成条备用。

**2**

大蒜剁成末备用。

**3**

茄子条放入容器，撒上部分蒜末。

**4**

蒸锅置于火上，将茄子条放入蒸 15 分钟左右，取出晾凉。

**5**

将剩下的蒜末放入容器内，加入香油、生抽、盐搅拌均匀，倒入装有茄子的容器内，加入红彩椒丁、黄彩椒丁、青椒丁即可。

素吃秋葵

## 食材

| | |
|---|---|
| 秋葵 | 200 克 |
| 芥末油 | 适量 |
| 冰块 | 适量 |
| 老抽 | 适量 |
| 醋 | 适量 |

## 制作过程

**1** 秋葵洗净，斜刀切成块备用。

**2** 炒锅置于火上，倒入清水，烧开倒入秋葵块，待秋葵块熟后捞出过凉水，放入盘中。

**3** 将芥末油倒入小碗中，加入老抽、醋制成芥末汁备用。

**4** 将冰块放在盘底，秋葵块放在冰块上面，旁边放置芥末汁。

**5** 蘸着芥末汁食用即可。

豉汁苦瓜

## 食材

| | |
|---|---|
| 苦瓜 | 1 根 |
| 红彩椒丁 | 50 克 |
| 豆豉 | 20 克 |
| 植物油 | 适量 |

## 制作过程

**1** 苦瓜洗净，去蒂。

**2** 将苦瓜切成段备用。

**3** 将苦瓜放入沸水中焯烫片刻，捞出沥干水分，码到盘中晾凉。

**4** 炒锅放入植物油，将豆豉、红彩椒丁放入锅中翻炒。

**5** 待豆豉炒出香味，即可浇在苦瓜上食用。

花样主食

培根
玉米炒饭

食 材

| | |
|---|---|
| 培根 | 150 克 |
| 大米 | 100 克 |
| 胡萝卜 | 50 克 |
| 玉米粒 | 30 克 |
| 青豆 | 20 克 |
| 盐 | 适量 |
| 香葱末 | 适量 |
| 植物油 | 适量 |

制 作 过 程

**1**

大米洗净，放入电饭煲内，加入清水，按煮饭键，煮好后盛出米饭备用。

**2**

培根切成丁备用。

**3**

胡萝卜去皮，切成丁备用。

**4**

炒锅置于火上，倒入清水，加入胡萝卜丁、玉米粒、青豆焯烫一下，捞出沥水。

**5**

另起锅，倒入植物油，加入米饭，加入胡萝卜丁、玉米粒、青豆、培根丁、盐、香葱末，翻炒均匀即可出锅。

扬州炒饭

## 食材

| | |
|---|---|
| 虾仁 | 50 克 |
| 青豆 | 50 克 |
| 鸡蛋 | 3 个 |
| 胡萝卜 | 100 克 |
| 大米 | 100 克 |
| 香葱末 | 适量 |
| 盐 | 适量 |
| 植物油 | 适量 |

## 制作过程

**1**

大米洗净，放入电饭煲内，加入清水，按煮饭键，煮好后盛出米饭备用。

**2**

胡萝卜去皮，切成丁备用。

**3**

虾仁切成丁备用。

**4**

鸡蛋磕入碗内，打散备用。

**5**

炒锅置于火上，倒入清水，待水烧开，加入胡萝卜丁、青豆、虾仁丁焯烫至熟，捞出沥水。

**6**

另起锅，倒入植物油，将鸡蛋倒入炒香，加入米饭、青豆、胡萝卜丁、虾仁丁、香葱末、盐，快速翻炒均匀即可。

咖喱
牛肉饭

## 食材

| | |
|---|---|
| 牛肉 | 100 克 |
| 胡萝卜 | 100 克 |
| 洋葱 | 30 克 |
| 土豆 | 200 克 |
| 蒜片 | 适量 |
| 姜片 | 适量 |
| 咖喱酱 | 适量 |
| 盐 | 适量 |
| 料酒 | 适量 |
| 植物油 | 适量 |

## 制作过程

**1**

胡萝卜、土豆去皮，切成丁备用。

**2**

洋葱切成丁备用。

**3**

牛肉切成丁备用。

**4**

炒锅置于火上，倒入清水，加入牛肉丁焯烫后捞出沥水。

**5**

另起锅，倒入植物油，加入姜片、蒜片煸香，加入牛肉丁，洋葱丁、胡萝卜丁、土豆丁翻炒。

**6**

加入料酒、咖喱酱、清水、盐，烧制 10 分钟左右，淋在米饭上即可。

南瓜
杂粮饭

## 食材

| | |
|---|---|
| 南瓜 | 1 个 |
| 红豆 | 100 克 |
| 绿豆 | 100 克 |
| 黑米 | 30 克 |
| 小米 | 50 克 |
| 糯米 | 50 克 |
| 大米 | 50 克 |

## 制作过程

**1**

将南瓜洗净，切开上半部大概为五分之一处，去瓤备用。

**2**

将红豆、绿豆、黑米、小米、糯米、大米泡入水中。

**3**

红豆、绿豆用清水泡 10~12 小时为最佳。

**4**

黑米、小米、糯米、大米用清水泡 1 小时。

**5**

将泡好的所有豆和米控水倒入南瓜中。

**6**

蒸锅置于火上，将南瓜放入，盖盖蒸制 20~30 分钟即可。

# 羊肉
## 手抓饭

## 食材

| | |
|---|---|
| 羊肉 | 200 克 |
| 大米 | 100 克 |
| 姜片 | 3 片 |
| 洋葱 | 50 克 |
| 胡萝卜 | 100 克 |
| 香葱末 | 适量 |
| 老抽 | 适量 |
| 料酒 | 适量 |
| 盐 | 适量 |
| 植物油 | 适量 |

## 制作过程

**1**

洋葱中间切开，切成丁。

**2**

胡萝卜削皮，切成细丝备用。

**3**

羊肉洗净，切成丁备用。

**4**

炒锅置于火上，倒入植物油，下入姜片、羊肉丁煸炒。

**5**

加入老抽，煸炒均匀。

**6**

加入洋葱丁、胡萝卜丝、料酒、大米炒香，加入盐翻炒均匀；将米饭倒入电饭煲中，加入适量水，蒸熟后撒香葱末即可。

**胡萝卜
蛤蜊粥**

## 食材

| | |
|---|---|
| 蛤蜊 | 200 克 |
| 大米 | 200 克 |
| 胡萝卜 | 20 克 |
| 姜片 | 适量 |
| 香葱末 | 适量 |
| 盐 | 适量 |

## 制作过程

❶

大米放入容器内，加入清水泡制 30 分钟左右。

❷

胡萝卜削皮，切成细丝备用。

❸

姜片切成丝备用。

❹

炒锅置于火上，加入清水，放入蛤蜊焯烫一下，待蛤蜊壳张开即可捞出沥水。

❺

炒锅置于火上，倒入清水，加入大米熬制 30 分钟，再加入盐、姜丝。

❻

加入蛤蜊、胡萝卜丝，熬至浓稠后出锅，撒香葱末即可食用。

火腿
鲜虾粥

## 食材

| | |
|---|---|
| 草虾 | 100 克 |
| 大米 | 200 克 |
| 火腿 | 50 克 |
| 姜片 | 适量 |
| 香葱末 | 适量 |
| 盐 | 适量 |

## 制作过程

**1**

大米倒入容器内，加入清水泡制 30 分钟左右。

**2**

火腿切成菱形片备用。

**3**

姜片切成丝备用。

**4**

炒锅置于火上，倒入清水，加入草虾焯烫一下，捞出沥水。

**5**

炒锅置于火上，倒入清水，加入大米熬制 30 分钟左右，下入草虾、姜丝、盐、火腿片，熬至浓稠后出锅，撒香葱末即可食用。

香菇
鸡肉粥

## 食 材

| | |
|---|---|
| 鸡胸肉 | 200 克 |
| 大米 | 200 克 |
| 姜片 | 2 片 |
| 香菇 | 50 克 |
| 香葱末 | 适量 |
| 枸杞子 | 适量 |
| 盐 | 适量 |

## 制 作 过 程

**1**

大米放入容器内，倒入清水泡制 30 分钟。

**2**

姜片削皮，切成细丝备用。

**3**

香菇去根，切成片备用。

**4**

炒锅置于火上，倒入清水，加入鸡胸肉煮制 30 分钟左右，煮熟捞出沥水，切成片备用；香菇片下入水中焯烫，捞出沥水。

**5**

另起锅，倒入清水，加入泡好的大米，熬制 20 分钟左右。

**6**

加入姜丝、盐、香菇片、鸡胸肉片熬至浓稠出锅，撒上香葱末、枸杞子即可。

炒饼

## 食 材

| | |
|---|---|
| 大饼 | 300 克 |
| 胡萝卜 | 100 克 |
| 绿豆芽 | 100 克 |
| 盐 | 适量 |
| 生抽 | 适量 |
| 蒜片 | 适量 |
| 姜片 | 适量 |
| 香葱末 | 适量 |
| 植物油 | 适量 |

## 制 作 过 程

❶ 胡萝卜洗净，去皮，切成丝备用。

❷ 大饼切成丝备用。

❸ 炒锅置于火上，倒入清水，加入绿豆芽焯熟，捞出沥水。

❹ 另起锅，倒入植物油，加入蒜片、姜片煸香，加入绿豆芽、生抽翻炒，加入饼丝翻炒均匀。

❺ 加入胡萝卜丝、香葱末、盐，快速翻炒均匀即可出锅。

南瓜饼

## 食 材

| | |
|---|---|
| 南瓜 | 500 克 |
| 炼乳 | 20 克 |
| 白糖 | 适量 |
| 淀粉 | 适量 |
| 糯米粉 | 200 克 |
| 面包糠 | 适量 |
| 植物油 | 适量 |

## 制 作 过 程

**1**

南瓜去皮，去瓤，切成薄片，放入蒸锅内蒸 20 分钟。

**2**

将糯米粉、淀粉、白糖、炼乳，倒入容器内，加入清水，搅拌均匀。

**3**

将蒸锅内蒸好的南瓜取出，用筷子搅碎，倒入装有面粉的容器里，搅拌均匀。

**4**

将南瓜面团取出，在面板上揉匀。

**5**

将南瓜面团揉好，取出小块按压成圆饼的形状，放在盘内。

**6**

将面包糠均匀撒在面团上面，两面要均匀。

**7**

炒锅置于火上，倒入植物油，将南瓜面团放入锅内。

**8**

炸至呈金黄色，捞出即可享用美食。

鸡蛋香葱
煎饼

## 食材

| | |
|---|---|
| 面粉 | 200 克 |
| 鸡蛋 | 1 个 |
| 葱花 | 适量 |
| 盐 | 适量 |
| 蚝油 | 适量 |
| 植物油 | 适量 |

## 制作过程

**1**

将面粉放入碗中加入清水调成糊状。

**2**

将鸡蛋、葱花放入碗中。

**3**

加入盐。

**4**

加入蚝油，搅拌均匀。

**5**

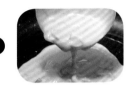

平底锅置于火上，加入植物油，倒入面糊。

**6**

待两面煎至呈金黄色即可出锅。

猪肉茴香
锅贴

## 食材

| | |
|---|---|
| 茴香 | 200 克 |
| 猪肉 | 350 克 |
| 面粉 | 300 克 |
| 盐 | 适量 |
| 五香粉 | 适量 |
| 葱段 | 适量 |
| 姜末 | 适量 |
| 生抽 | 适量 |
| 蚝油 | 适量 |
| 香油 | 适量 |
| 水淀粉 | 适量 |
| 植物油 | 适量 |

## 制作过程

❶

面粉放入大碗中，加入清水和成光滑的面团，用湿布将面团盖上，醒发 20 分钟。

❷

将择洗干净的茴香切碎。

❸

猪肉剁成肉馅；葱段剁成葱末。

❹

把剁好的肉馅放入碗中，加入葱末、姜末、盐、生抽，将肉馅搅拌均匀。

❺

搅拌好的肉馅与切好的茴香碎混合在一起，放入五香粉、香油、蚝油，搅拌均匀备用。

❻

将醒好的面团放在面板上，揉成长条状，分成数个大小均匀的面团，用擀面杖将小面团擀成圆形的面片。

❼

把面皮放在手心上，将拌好的馅料放在面皮上，将面皮对折后捏好，但面皮的两头各留一个小口，不要捏死。

❽

平底锅置于火上，倒入植物油，油热后将锅贴依次放入锅中，待煎至底面呈金黄色时，加入水淀粉，然后轻轻转动平底锅，盖上盖子，煎至水淀粉完全挥发，形成冰花即可出锅。

麻酱
鸡丝拌面

## 食材

| | |
|---|---|
| 熟鸡胸肉 | 100 克 |
| 麻酱 | 30 克 |
| 胡萝卜 | 50 克 |
| 黄瓜 | 50 克 |
| 面条 | 200 克 |
| 香菇 | 10 克 |
| 木耳 | 5 克 |
| 盐 | 适量 |
| 蚝油 | 适量 |
| 红椒 | 适量 |
| 葱段 | 适量 |
| 香葱末 | 适量 |

## 制作过程

**1**

木耳放入容器内，加入清水泡发。

**2**

炒锅置于火上，倒入清水，加入熟鸡胸肉、葱段，煮制 30~50 分钟捞出沥水。

**3**

胡萝卜削皮，切成丝备用；黄瓜切成丝备用。

**4**

红椒洗净，去瓤，切成丝备用；香菇去根，切成薄片，再切成丝备用。

**5**

木耳切成丝备用；炒锅置于火上，倒入清水，待水烧开，加入香菇丝、木耳丝焯熟，捞出沥水。

**6**

将熟鸡胸肉撕成丝备用。

**7**

麻酱中加入盐、蚝油、清水，搅拌均匀备用。

**8**

另起锅，倒入清水，待水响边，下入面条煮熟捞出投凉，放入碗中，上面摆放黄瓜丝、胡萝卜丝、香菇丝、木耳丝、红椒丝、鸡胸肉丝，将调好的麻酱淋在上面，撒香葱末即可。

豆角焖面

228

## 食材

| | |
|---|---|
| 豆角 | 250 克 |
| 面条 | 250 克 |
| 猪肉 | 100 克 |
| 大蒜 | 5 瓣 |
| 红椒丝 | 适量 |
| 生抽 | 1 汤勺 |
| 盐 | 适量 |
| 植物油 | 适量 |

## 制作过程

❶

将洗净的豆角去筋，掰成寸段；猪肉先切成片，再切成丝。

❷

大蒜拍扁，切成蒜末。

❸

炒锅置于火上，倒入植物油，待油温升至五成热时放入豆角段，将豆角段炸至表面起泡、变软捞出控油备用。

❹

将蒸锅置于火上，把面条平铺在蒸屉上蒸10 分钟。

❺

另起锅，放入植物油，放入猪肉丝，将猪肉丝迅速拨散炒至变色，加入一部分蒜末炒香。

❻

放入豆角段、红椒丝、清水。

❼

放入盐、生抽，待汤汁煮沸将蒸好的面条平铺在豆角上，然后盖上锅盖用小火焖。

❽

待汤汁收完撒上剩余蒜末，翻炒均匀即可食用。

五彩鸡丝
拌面

## 食材

| | |
|---|---|
| 鸡胸肉 | 100克 |
| 黄瓜 | 50克 |
| 香菇 | 10克 |
| 面条 | 200克 |
| 蟹棒 | 100克 |
| 木耳 | 5克 |
| 胡萝卜 | 50克 |
| 香葱末 | 适量 |
| 麻酱 | 适量 |
| 白芝麻 | 适量 |
| 盐 | 适量 |
| 蚝油 | 适量 |

## 制作过程

**1**

木耳放入容器内，加入清水泡发。

**2**

装有麻酱的碗加入盐、蚝油、清水，搅散备用。

**3**

胡萝卜去皮，切成丝备用；黄瓜切成丝备用。

**4**

蟹棒切成丝备用；香菇切成丝备用。

**5**

将泡发好的木耳切成丝备用。

**6**

炒锅置于火上，倒入清水，加入鸡胸肉煮熟捞出，鸡胸肉手撕成丝备用。

**7**

将香菇丝、木耳丝、蟹棒丝焯熟捞出沥水。

**8**

另起锅，倒入清水，下入面条煮熟，捞出投凉放入容器内；将香菇丝、胡萝卜丝、黄瓜丝、木耳丝、蟹棒丝、鸡胸肉丝、香葱末放到面条上，淋上调好的麻酱，撒白芝麻即可。

炸酱面

## 食材

| | |
|---|---|
| 面条 | 240 克 |
| 黄豆酱 | 适量 |
| 胡萝卜 | 50 克 |
| 五花肉 | 50 克 |
| 绿豆芽 | 50 克 |
| 红心萝卜 | 30 克 |
| 黄瓜 | 30 克 |
| 熟黄豆 | 适量 |
| 大蒜 | 适量 |
| 料酒 | 适量 |
| 生抽 | 适量 |
| 植物油 | 适量 |

## 制作过程

**1**

五花肉去皮，切成丁备用。

**2**

胡萝卜削皮，切成丝备用。

**3**

红心萝卜削皮，切成细丝。

**4**

黄瓜切成细丝。

**5**

炒锅置于火上，倒入植物油，加入五花肉丁煸炒，加入黄豆酱、料酒、生抽，熬至浓稠。

**6**

另起锅，加入清水，下入面条煮熟后捞出投凉。

**7**

另起锅，倒入清水，将绿豆芽下锅焯熟，捞出沥水备用。

**8**

将面条捞出沥水，在面条上放炒好的黄豆酱、大蒜、熟黄豆和其他蔬菜即可。

荞面蒸糕

| | |
|---|---|
| 荞麦粉 | 300 克 |
| 红枣碎 | 适量 |
| 面粉 | 150 克 |
| 酵母粉 | 4 克 |
| 植物油 | 适量 |

## 制 作 过 程

**1** 取一个小碗倒入温水，放入酵母粉搅拌均匀。

**2** 将荞麦粉和面粉放入大碗中，加入酵母水搅拌均匀后揉至光滑，然后用保鲜膜盖上醒发。

**3** 待面团发至两倍大时取出。

**4** 取一个大碗，将碗内涂一层植物油。

**5** 将面团放入大碗中。

**6** 在面团上撒上红枣碎，放入蒸锅中蒸 20 分钟即可。

三色花卷

## 食 材

| | |
|---|---|
| 面粉 | 300 克 |
| 玉米粉 | 100 克 |
| 绿豆粉 | 100 克 |
| 酵母粉 | 3 克 |
| 香油 | 适量 |
| 盐 | 适量 |

## 制 作 过 程

**1**

将面粉用酵母粉发好后分成三份备用。

**2**

一份是面粉团，第二面粉团里加入玉米粉，第三份面粉团里加入绿豆粉。

**3**

将这三种面团分别揉至光滑，制成三种颜色的面团。

**4**

先将绿色面团擀成面片，然后抹上一层香油，撒上盐。

**5**

再将白色面团擀成面片，盖在绿色面片上，然后抹上香油，撒上盐。

**6**

最后将黄色面团擀成面片，盖在白色面片上。

**7**

将做好的三层面片卷起，切成数个均匀的面坯。

**8**

每两个面坯摞在一起，用手捏住两头，两只手分别向不同的方向拧一下，将两头捏到一起，放入蒸锅中先静置 10 分钟，再开火蒸 15 ~ 20 分钟即可。

驴肉火烧

# 食 材

| | |
|---|---|
| 驴肉 | 300 克 |
| 生菜叶 | 适量 |
| 面粉 | 300 克 |
| 葱段 | 适量 |
| 姜片 | 4 片 |
| 生抽 | 适量 |
| 盐 | 适量 |
| 大料 | 适量 |
| 料酒 | 适量 |
| 白芝麻 | 适量 |
| 红椒圈 | 适量 |
| 青椒圈 | 适量 |
| 植物油 | 适量 |

# 制 作 过 程

**❶**

将面粉放在案板上，放入清水，揉成光滑的面团放入碗中，盖上干净的毛巾，醒面1 小时左右（根据温度而定）。

**❷**

将醒好的面擀成一张长形的面饼，两边各拿起三分之一往中间折。

**❸**

将"步骤 2"的操作重复两次，然后自一边卷起，形成一个长的圆条。

**❹**

每隔 3cm 左右切断，用手按压成火烧生坯，将火烧生坯表面刷上一层植物油，撒上白芝麻。

**❺**

将烤盘上面铺上一层锡纸，然后刷上一层植物油，将火烧生坯放在上面，烤箱预热好后，放入烤箱。

**❻**

烤箱上火 180°、下火 200° 烘烤 20~40分钟，待色泽呈淡黄色即可取出。

**❼**

将火烧中间切开，加入生菜叶备用；炒锅置于火上，倒入清水，下入驴肉焯烫5~10 分钟，用勺子撇除血沫，捞出驴肉沥水。

**❽**

另起锅，倒入清水，加入驴肉、大料、葱段、姜片、生抽、料酒、盐炖制 40~60 分钟；出锅后切块，撒红椒圈、青椒圈，吃的时候夹在火烧中间即可。

# 好书推荐

西餐教科书

烘焙教科书

羹汤教科书